地方本科院校质量工程建设问题研究

——基于四川省省属本科院校实施情况的考察与思考

杜 伟 任立刚 朱晟利 张 华 何 晋 编著

科学出版社

北 京

内 容 提 要

本书以教育部主导实施的"高等学校本科教学质量与教学改革工程"为研究对象，以省级区域的地方高校实施本科教学质量与教学改革工程为研究材料，在对质量工程实施以来地方高校所取得的成绩、面临的问题进行深入分析的基础上，对地方院校下一步实施本科教学质量与教学改革工程、深化教学改革、提升教学质量提出对策建议。

本书读者对象为高等院校教学管理人员、高等教育研究人员，尤其是地方本科院校和高等教育研究机构的研究人员。

图书在版编目(CIP)数据

地方本科院校质量工程建设问题研究：基于四川省属本科院校实施情况的考察与思考／杜伟等编著.—北京：科学出版社，2011.6

ISBN 978-7-03-031611-0

Ⅰ.①地… Ⅱ.①杜… Ⅲ.①高等学校-教育质量-研究-四川省 Ⅳ.①G649.21

中国版本图书馆 CIP 数据核字（2011）第 115179 号

责任编辑：张　展 ／封面设计：陈思思

科学出版社 出版

北京东黄城根北街16号
邮政编码：100717
http://www.sciencep.com

四川煤田地质制图印刷厂印刷

科学出版社发行　各地新华书店经销

*

2011 年 6 月第　一　版　　开本：787×1092 1/16
2011 年 6 月第一次印刷　　印张：11 1/2
印数：1—1 000　　　　　字数：220 千字

定价：48.00 元

前　言

　　高等教育肩负着培养高素质专门人才和一大批拔尖创新人才的重要使命。提高高等教育质量，既是高等教育自身发展规律的需要，也是办好让人民满意的高等教育、提高学生就业能力和创业能力的需要，更是建设创新型国家、构建社会主义和谐社会的需要。随着经济社会的不断发展，社会各界对于高等教育的期望日趋升高，高等学校人才培养质量成为全社会关注的焦点问题，高校学生就业成为全社会关心的热点问题。"办什么样的大学、怎么办好大学"和"培养什么人、怎样培养人"成为高等学校改革的根本性问题，"不断提高教育质量"和"办人民满意大学"成为高等学校实现科学发展的重要任务。

　　人才培养是高等学校的根本任务，本科教学是高等学校的中心工作。为贯彻落实党中央、国务院关于"高等教育要全面贯彻科学发展观，切实把重点放在提高质量上"的战略部署，2006年初，教育部成立了"质量工程项目规划工作组"，积极开展"高等学校教学质量与教学改革工程"（以下简称"质量工程"）的立项研究，在广泛听取教育行政部门、高校领导、教师和理论研究专家等意见的基础上，教育部和财政部在2007年正式启动了"质量工程"各项工作。"质量工程"旨在通过项目实施，使高等学校教学质量得到提高，高等教育规模、结构、质量、效益协调发展和可持续发展的机制基本形成；人才培养模式改革取得突破，学生的实践能力和创新精神显著增强；教师队伍整体素质进一步提高，科技创新和人才培养的结合更加紧密；高等学校管理制度更加健全；高等教育在落实科教兴国和人才强国战略，建设创新型国家、构建社会主义和谐社会中的作用得到更好的发挥，基本适应我国经济社会发展的需要。

　　在"质量工程"的示范和引领之下，近年来各高等学校的质量意识不断增强，教学改革不断深化，本科教学工作整体发展迅速，深化改革、提升质量、特色发展已经成为各种类型、各种层次高等学校本科教学工作的主旋律。目前，高等学校本科教学工作所面临的不再是"要不要发展、需要不需要改革"的问题，而是"如何推进发展、深化改革"的问题。作为我国高等教育体系的主体，地方本科院校承担着我国高等教育大众化战略实施和为地方经济社会发展输送高层次人才的艰巨任务。地方本科院校本科教育事业的发展水平，在很大程度上影响并决定着我国高等教育事业发展的整体水平和质量。根据"分类指导、分类管理、分类评价"的原则，通过"质量工程"建设，促进地方本科院校立足自身实际和定位，不断深化教学改革、提升办学水平、提高办学质量，是我国高等教育事业科学发展的重要任务。

目前，"质量工程"一期工作已全部结束。由于四川省省委、省政府坚持把教育放在优先发展的位置，四川省教育厅坚持把推动高等教育的工作重心逐步转变为提高质量和内涵发展，四川省高等教育事业得以持续健康发展，四川省省属本科院校在"质量工程"一期建设工作中取得了优异成绩，各项指标均位居中西部省份前列。绝大多数四川省省属本科院校都以"质量工程"为载体，逐步形成了以国家项目为引领、省级项目为主体、校级项目为基础的本科教学建设与改革体系，并根据高等教育发展的新趋势和经济社会发展的新需求，立足学校实际，不断发现新问题、提出新思路、实施新举措，深入推进培养模式、专业建设、课程内容、实验教学、教学方法、教学手段等系列改革，教学行为不断规范，教学改革不断深化，教学质量不断提高。但是，我们也必须看到，一些学校"重申报、轻建设"的倾向还不同程度地存在，部分领域的教学建设与改革还相对滞后、亟待加强，以"质量工程"项目建设来促进教学工作水平整体提高的机制尚未完全形成，已有"质量工程"项目还需要进一步强化建设、突出实效、增强示范。

基于上述原因，四川师范大学教务处于2010年3月成立了"地方本科院校质量工程建设问题研究"课题组，利用2010年暑假、2011年寒假和平时的节假日休息时间，以四川省省属本科院校为研究对象，对地方本科院校"质量工程"建设问题进行了深入系统的研究。课题组运用文献研究、政策分析、实地调研、数据分析等方法，结合四川省省属本科院校"质量工程"建设的探索与实践，对地方本科院校人才培养模式创新实验区、特色专业、实验教学示范中心、教学团队、精品课程等各类"质量工程"建设项目进行了深入考察，在分析各类项目的建设成效、所取得的经验和所存在的问题的基础上，提出了进一步深化改革和加强建设的系列建议，以期为相关高校加强"质量工程"建设提供参考和借鉴。

在本书的编写过程中，全国教育工作会议隆重召开。《国家中长期教育改革和发展规划纲要(2010—2020年)》作为新世纪我国第一部教育改革发展规划纲要，对高等教育事业改革与发展做出了战略部署，指明了奋斗目标，提出了更高要求，高等教育发展的保障条件比以往任何时候都更加充分、更加有利。前景振奋人心，形势催人奋进，我们在备受鼓舞的同时，也倍感责任和压力。在新形势下，如何进一步抢抓机遇，迎势而上，一如既往地把提高质量作为学校改革发展的核心任务，坚定不移地走内涵提升和特色发展之路，进一步推进学校各项事业又好又快发展，是包括省属本科院校在内的所有高校共同面临的问题，也是我们在本书完成过程中不断思考的主题。

经过一年多的深入调研和系统思考，本书的编写基本完成，首先要感谢四川师范大学高林远书记、周介铭校长、祁晓玲副校长等全体学校党政领导，无论是工作、还是学习乃至个人成长，他们长期以来都给予了我们无微不至的关心、悉心周到的教导与持续不断的鼓励，使我们在有所松懈时倍感惭愧。同时，我们还要感谢四川省教育厅高教处周雪锋处长、赵锦调研员、赖英莉副处长和各位老师，我们的许多工作既得到了他们的大力支持和殷切关怀，也受启发于他们的睿智思想；他们在工作中勤奋钻研的精神、高尚的品格以及在为学做人上的不倦教诲，激励我们不断前进，也使我们受益终身。此外，我们也要感谢成都信息工程学院教务处谢明元处长，在我们准备邀请该处工作人员何晋参加课题组时，她对何晋老师给予了大力支持。在书稿付梓之际，我们还要感谢科学出版社的张展主任，是他的辛勤劳动，使本课题报告能以最快的速度出版。

本书中的数据资料部分来自于教育部和四川省教育厅的正式文件和公布的有关材料，部分来自于对相关高校公布的正式材料和相关专家学者的研究成果，部分来自于作者的实地调研。在本的撰写过程中，编写人员参阅了大量专家学者和同行的研究成果，在此向他们表示衷心的感谢。由于作者水平有限，对地方本科院校质量工程建设问题的研究还不够全面和深入，敬请各位专家、同行予以批评指正。

编　者

2011 年 3 月 16 日

目　　录

第一章　四川省省属本科院校教育教学
改革情况分析

　　四川位于中国西南腹地，地处长江上游，东西长 1075 公里，南北宽 921 公里。与 7 个省(区、市)接壤，北连青海、甘肃、陕西，东邻重庆，南接云南、贵州，西衔西藏，素有"天府之国"的美誉。地势总体上呈西高东低走势，地貌类型以平原、丘陵、山地和高原为主，中部为四川盆地，盆周为丘陵、山地，西部是向青藏高原过渡的川西高原；全省面积 48.5 万平方公里，是中国第 5 大省。现辖 18 个地级市、3 个民族自治州；全省共有 181 个县(市、区)，列全国首位，其中有 43 个市辖区、14 个县级市、120 个县、4 个自治县。全省总人口 8800 多万，列全国第 4 位，占西部总人口的 22.3%，列西部第 1 位。同时，四川也是教育大省，截至 2009 年，四川省共有各级各类学校 3.4 万所，在校学生 1803 万人，教职工 91 万人，其中专职教师 75 万人。全省共有 180 个县(市、区)完成了"普九"义务教育任务，"普九"人口覆盖率 99.99%。全省共有小学 1.24 万所，在校生 617.0 万人；普通中学 4809 所，在校生 499.0 万人；特殊教育学校 95 所，在校生 4.2 万人[1]。

　　随着经济社会文化事业的发展，四川省高等教育事业也取得了长足进步。根据 2009 年 6 月 19 日教育部公布全国高校名单和 2010 年 7 月 12 日公布的全国独立学院名单，四川辖区内共有公办普通本科院校 31 所，独立学院 13 所，普通高职高专院校 48 所，合计 92 所高校；普通本(专)科在校学生 103.6 万人，研究生 7.1 万人。

第一节　四川省省属本科院校教育教学改革的基本情况

一、四川省省属本科院校的基本情况

　　四川省 31 所公办普通本科院校中，占全国本科院校数的 4.04%，并列位居全国第 8 位，居西部省份第 2 位；有部委属院校 6 所(其中教育部 4 所、国家民委 1 所、交通运输部 1 所)，占全国部委属本科院校的 5.41%，并列位居全国第

---

〔1〕　四川省人民政府办公厅.四川省概况［EB/OL］.(2010-06-03)　［2010-07-24］http：// www. sc. gov. cn/scgk1/sq/201006/t20100603＿966519. shtml

5 位，居西部省份第 1 位；省属公办本科院校 25 所，占全国地方属公办本科院校
4.11％，并列位居全国第 10 位，居西部省份第 2 位；无民办本科院校；有独立
学院 13 所，占全国独立学院数 4.04％，并列位居全国第 8 位，居西部省份第 1
位。2008 年，四川省在校本科学生 556016 人，占全国在校本科学生数的
5.04％，位居全国第 7 位，西部省份第 1 位，是名副其实的高教大省，在西部地
区高等教育事业发展中占有十分重要的地位。同时，根据 2008 年抽查，四川省
有常住人口 8138 万人，占全国总人口比例的 6.13％，居全国第 4 位，西部省份
第 1 位，每十万人口中平均在校高等学校学生数 1637 人，远低于全国平均水平
的 2042 人，居全国第 24 位，西部省份第 5 位，其高等本科教育在一定程度上还
处于发展相对滞后的水平①。

通过上述数据分析，我们可以发现，在四川省本科院校中，地方属本科院校
占有极大比重，学校数量占到本科院校总数的 80.1％（不含独立学院）和 86.36％
（含独立学院）；同时，四川省省属本科院校在区域分布、办学层次、建立时间、
专业设置等方面也具有众多特点，本研究所界定的省属本科院校主要包括省属公
办本科院校、民办本科院校和独立学院。

（一）四川省省属本科院校地域分布考察

四川省 25 所省属公办本科院校主要分布在 13 个市州，其中成都市最多，为
9 所（成都理工大学、西华大学、成都中医药大学、四川师范大学、成都信息工
程学院、成都医学院、成都体育学院、四川音乐学院、成都学院），南充市 3 所
（西南石油大学、西华师范大学、川北医学院）、泸州市 2 所（四川警察学院、泸
州医学院）、达州市 1 所（四川文理学院）、绵阳市 2 所（西南科技大学、绵阳师范
学院）、甘孜藏族自治州 1 所（四川民族学院）、乐山市 1 所（乐山师范学院）、内
江市 1 所（内江师范学院）、攀枝花市 1 所（攀枝花学院）、凉山彝族自治州 1 所
（西昌学院）、雅安市 1 所（四川农业大学）、宜宾市 1 所（宜宾学院）、自贡市 1 所
（四川理工学院）②。

四川省 13 所独立学院主要分布于 5 个市州，其中成都市最多，共 7 所（成都
理工大学广播影视学院、成都信息工程学院银杏酒店管理学院、四川师范大学文
理学院、四川师范大学成都学院、四川外语学院成都学院、电子科技大学成都学
院、四川大学锦城学院），绵阳市 3 所（四川音乐学院成都艺术学院、西南科技大
学城市学院、西南财经大学天府学院）、南充市 1 所（西南交通大学希望学院）、
眉山 1 所（四川大学锦江学院）、乐山市 1 所（成都理工大学工程技术学院）。13 所
独立学院分别由 10 所高校与社会资本共同举办，其中举办两所独立学院的高校

---

① 2008 年的人口数据、每十万人口平均在校高等学校学生数来源于《2009 年中国统计年鉴》，中华
人民共和国国家统计局编，中国统计出版社，北京数通电子出版社，2009 年版。
② 目前，四川部分公办本科院校已经形成了跨市州的多校区办学模式，本部分的区域分布，以其校
本部所在区域为准。

包括(四川大学、四川师范大学和成都理工大学)。

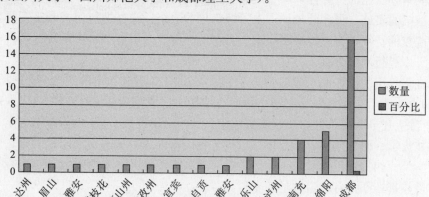

图 1-1　四川省省属本科院校区域分布图

综合来看，四川省省属本科院校主要集中于 14 个市州(成都市、绵阳市、南充市、雅安市、达州市、宜宾市、自贡市、乐山市、泸州市、达州市、眉山市、凉山彝族自治州、甘孜藏族自治州)，这些地区都是属于经济较为发达的成都平原及周边地区。其中，有省属本科院校的市州占全省市州总数的 2/3，攀枝花市和成都市分别拥有一所市属本科院校；7 个市州没有省属本科院校(广元市、巴中市、广安、遂宁、德阳、资阳、阿坝藏羌自治州)，主要集中于川东北地区；没有省属本科院校的占全省市州总数的 1/3，但由于所有省属本科院校均是面向全省或全国招生，其区域分布对于适龄人口接受高等教育并无明显影响。

（二）四川省省属本科院校办学情况考察

四川省省属本科院校在办学历史、培养层次、学科类型、办学规模、办学水平等方面呈现出多元化特征，这直接影响到本科教育的教学改革与发展。

在建校时间上，1999 年实施高等教育大众化战略以前，四川省仅有省属本科院校 14 所，1999 年以后，根据举办高等本科教育的需要，一些办学基础条件较好的专科院校逐步升格为本科院校，一些其他系统的院校转制为普通本科院校，到 2009 年，四川省省属公办本科院校数达到 25 所；同时，为了满足办学需求，一些办学历史较长的大学与社会资金或其他机构合作，举办了部分公办民助的二级学院，后来由于教育部政策的调整，这些学校逐步发展成为独立学院。截至 2010 年，四川省所辖的独立学院数达到了 13 所。综合来看，除 14 所办学历史较长的院校外，另外 24 所本科院校举办本科教育的时间还比较短，进一步熟悉高等教育规律，创新办学模式，明确办学定位，实现跨越式发展是这些高校面临的一个重要任务。

在学科类型上，四川省省属的 25 所公办本科院校中，有综合类院校 6 所，理工类院校 5 所，师范类院校 5 所，医药类院校 4 所，农业类院校 1 所、政法类院校 1 所、体育类院校 1 所、艺术类院校 1 所、民族类院校 1 所，13 所独立学院由于其举办机制的特殊性，没有进行学科类型划分。但实际上，随着高等教育大众化战略的实施，很多院校均走上了综合化的道路，举办学科门类趋于多元，单科性院校的特征正在逐步淡化，我们将在下一节"四川省省属本科院校本科专业设置"中进行专门分析。

在培养层次上，四川省省属本科院校中共有5所院校具有博士学位授予权（四川农业大学、成都理工大学、西南石油大学、成都中医药大学、四川师范大学）；除上述5所院校外，另有9所学校具有硕士学位授予权（西华师范大学、西南科技大学、西华大学、成都信息工程学院、四川理工学院、泸州医学院、成都体育学院、四川音乐学院、川北医学院）；到2008年，除1所院校外，所有省属本科院校都还举办有一定数量的专科。

在办学规模上，以已经公布的2008年的35所院校的数据作为分析基础，四川省属本科院校平均在校本专科学生数15241人，在校生规模超过2万人的院校有9所；超过1万人的院校有17所（含6所独立学院），1万人以下的院校有9所（主要为特殊行业院校和近1-2年升格或建立的本科院校）；校均在职专任教师数为876人，专任教师在2000人以上的院校有1所，在1500人以上的院校有3所，在1000人以上的院校有7所，在500人以上的院校有17所，500人以下的有8所，其中人数最少的为99人[①]。

2003年，教育部启动了五年一轮的教育部本科教学工作水平评估，截至2008年底，除一些新建本科院校和独立学院外，四川省共有19所院校接受了本轮评估，其中四川农业大学、成都中医药大学、四川师范大学、西南石油大学、四川音乐学院、泸州医学院、成都体育学院、成都理工大学、川北医学院、成都信息工程学院、西南科技大学、西华大学、四川理工学院等11所高校获得"优秀"等级，西华师范大学、绵阳师范学院、攀枝花学院、内江师范学院、乐山师范学院等5所院校获得"良好"等级，宜宾学院获得"合格"等级，评估工作的开展有力地推动了高校的教学基本设施建设、教育教学改革和质量保障体系的建立，有力地促进了省属本科院校教育教学质量的不断提高。

二、四川省省属本科院校本科专业设置情况[②]

专业是教育教学的主要载体，考察专业举办情况有助于理解四川省本科教育的整体发展概况，本节将从举办规模、举办年限、学科布局、院校学科结构等4个方面对四川省省属本科院校本科专业设置情况进行考察和分析。

---

① 数据来源于2008年四川省教育统计年鉴。
② 本部分院校设置专业数据来自于2009年12月以前教育部关于普通高校专业设置的批准文件进行整理。

（一）四川省省属本科院校本科专业举办规模考察

截至 2009 年底，四川省省属本科院校经教育部批准设置的本科专业点共计 1217 个（含批准设置但未招生专业），校均举办本科专业数约 32 个，其中举办专业数为 71 个的院校 1 所，举办专业数在 60-69 个的院校数 5 所（其中，68 个专业 1 所、67 个专业 1 所、66 个专业 1 所、63 个专业 1 所、61 个专业 1 所），举办专业数在 50-59 个的院校数 2 所（其中，54 个的 1 所，50 个的 1 所），举办专业数在 40-49 个的院校数 4 所（其中，49 个的 1 所，44 个的 2 所、43 个的 1 所），举办专业数在 30-39 个的院校数 6 所（其中，38 个的 2 所，37 个的 2 所，35 个的 1 所，30 个的 1 所），举办专业数在 20-29 个的院校数 5 所（其中，28 个的 1 所，27 个的 1 所，26 个的 1 所，23 个的 1 所，21 个的 1 所），举办专业数在 10-19 个的院校数 11 所（其中，19 个的 2 所，18 个的 1 所，15 个的 3 所，13 个的 1 所，12 个的 2 所，10 个的 1 所），举办专业数在 8-9 个的院校数 4 所（其中，9 个的 2 所，8 个的 2 所）。

从举办规模上来看，四川省省属公办本科院校校均举办本科专业数约 39 个，独立学院校均举办本科专业数约 18 个。其中，公办省属本科院校举办专业最多的院校举办专业数为 71 个，最少的 9 个（为特殊行业类院校）；独立学院举办专业最多的院校举办专业数为 38 个，最少的 8 个（其中一所独立学院为 2009 年批准设置），由于部分本科院校还兼具研究生和高职高专学生培养任务，故四川省省属本科院校均已达到一定的举办规模。

（二）四川省省属本科院校本科专业举办年限考察

截至 2009 年底，四川省省属本科院校经教育部批准设置的 1217 个本科专业点共从批准设置时间上来看，1950-1959 年，批准专业数为 20 个（分属于 6 所院校），校均举办本科专业数约 3 个；1960-1969 年，批准专业数达到 25 个（分属于 7 所院校），校均举办本科专业数接近 4 个；1970-1979 年，批准专业数达到 42 个（分属于 11 所院校），校均举办本科专业数约 4 个；1980-1989，批准本科专业数达到 65 个（分属于 14 所院校），校均举办本科专业数接近 5 个；1990-1999，批准本科专业数 168 个（分属于 14 所院校），校均举办专业数约 12 个，2000-2009，批准本科专业数达到 1217 个（分属于 38 所院校），校均举办专业数约 32 个。

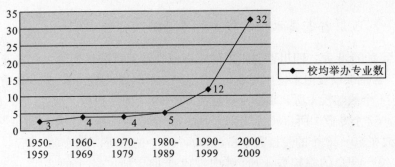

图 1-2　四川省省属本科院校校均举办专业数量变化示意图

从专业设置增长情况来看，四川省省属本科院校本科专业大幅增长出现在
2000—2009 年，即我国实施高等教育大众化战略以后，其中，批准新增本科专业
数最多的年度为 2002 年，批准新增专业数为 148 个（分属于 18 所院校），校均年
新增本科专业数约 8 个；但同时，四川省省属本科专业建设任务艰巨，截至 2010
年 7 月，不足 3 届毕业生的专业数为 683 个（2004 年以后批准设置，按教育部相
关规定为新办专业的专业），占举办专业总数的 56.12%，相当一部分专业为新
办专业，专业建设的任务还十分艰巨。

（三）四川省省属本科院校本科专业学科结构考察

四川省属本科院校所举办的 1217 个本科专业点，共有专业数 238 个，涵盖
了 11 个学科门类中除哲学外的 10 个学科门类，涵盖了教育部本科专业目录中 73
个二级学科类的 64 个二级学科类，占 87.67%；从各学科门类所包含的专业点数
来看，排名前三的学科门类是工学（326 个）、文学（257 个）和管理学（219 个）（表
1-1）；从各二级学科门类所包含的专业点数来看，排名前三的分别是艺术类（137
个）、电气信息类（133 个）和工商管理类（133 个）（表 1-2）；举办数量排名前 3 位
的专业分别是英语（有 34 所院校举办）、计算机科学与技术（有 28 所院校举办）、
市场营销和艺术设计（有 24 所院校举办）（表 1-3）。

从专业学科结构来看，四川省省属本科院校所举办本科专业门类较为齐全、
覆盖面广，除海洋科学类、航空航天类等与本区域发展联系不是很紧密或者属于
高科技特殊行业的极少数二级学科门类没有举办本科专业外，大部分学科门类均
有举办专业，能够基本满足四川省经济社会发展对各类人才的需求，电气信息类
等学科二级学科门类专业的举办较为集中地体现了区域经济社会发展的需求；但
同时也存在为了完成高等教育大众化任务，集中于举办一些办学成本相对较低的
学科专业和艺术类专业等弊端，这是学科专业结构调整过程中必须予以重视，并
亟待需要解决的问题。

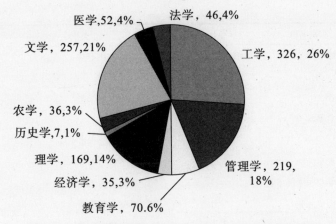

图 1-3　四川省省属本科专业举办本科专业学科结构示意图

表 1-1　各学科门类所包含专业点数情况统计表

排序	学科门类	包含专业点数	排序	学科门类	包含专业点数
1	工学	326	6	医学	52
2	文学	257	7	法学	46
3	管理学	219	8	农学	36
4	理学	169	9	经济学	35
5	教育学	70	10	历史学	7

表 1-2　各二级学科门类所包含专业点数情况统计表

排序	类别名称	专业点数	排序	类别名称	专业点数
1	艺术类	137	32	仪器仪表类	9
2	电气信息类	133	32	中医学类	9
2	工商管理类	133	35	环境科学类	8
4	外国语言文学类	61	35	能源动力类	8
5	管理科学与工程类	46	37	环境生态类	7
5	机械类	41	37	交通运输类	7
6	公共管理类	35	37	历史学类	7
6	教育学类	35	40	测绘类	6
6	经济学类	35	40	护理学类	6
10	体育学类	34	40	森林资源类	6
11	数学类	32	43	农业经济管理类	5
11	中国语言文学类	32	44	材料科学类	4
13	土建类	29	44	农业工程类	4
14	新闻传播学类	27	44	水利类	4
15	化学类	26	44	预防医学类	4

续表

排序	类别名称	专业点数	排序	类别名称	专业点数
16	地理科学类	21	48	动物生产类	3
17	生物科学类	20	48	武器类	3
18	物理学类	18	50	大气科学类	2
19	电子信息科学类	17	50	地质学类	2
19	法学类	17	50	动物医学类	2
19	环境与安全类	17	50	工程力学类	2
19	临床医学与医学技术类	17	50	公安技术类	2
19	轻工纺织食品类	17	50	公安学类	2
24	心理学类	16	50	口腔医学类	2
24	政治学类	16	50	水产类	2
26	植物生产类	15	50	统计学类	2
27	材料类	12	59	草业科学类	1
27	化工与制药类	12	59	地球物理学类	1
27	药学类	12	59	法医学类	1
27	社会学类	11	59	基础医学类	1
31	地矿类	10	59	林业工程类	1
32	生物工程类	9	59	职业技术教育类	1

表 1-3　四川省省属本科院校举办各本科专业数量统计表

排序	举办院校数	专业名称
1	34	英语
2	28	计算机科学与技术
3	24	市场营销、艺术设计
4	20	国际经济与贸易、旅游管理
5	19	汉语言文学
6	18	电子信息工程、信息管理与信息系统
7	17	法学、工商管理、会计学、信息与计算科学
8	16	财务管理、工程管理
9	15	数学与应用数学、体育教育、音乐学
10	14	电子商务、公共事业管理、软件工程、土木工程
11	13	社会体育、通信工程、应用心理学
12	12	工业设计、广播电视编导、化学、环境工程、思想政治教育、音乐表演、应用化学、自动化
13	11	电气工程及其自动化、对外汉语、广播电视新闻学、美术学、日语

续表

排序	举办院校数	专业名称
14	10	表演、播音与主持艺术、电子信息科学与技术、经济学、人力资源管理、生物技术、物理学、物流管理、行政管理
15	9	测控技术与仪器、广告学、机械设计制造及其自动化、社会工作、生物工程、生物科学、舞蹈学、小学教育、学前教育
16	8	材料科学与工程、地理信息系统、网络工程、应用物理学、资源环境与城乡规划管理
17	7	材料成型及控制工程、动画、工业工程、历史学、食品科学与工程、制药工程
18	6	电子科学与技术、护理学、教育技术学、生物医学工程、食品质量与安全
19	5	城市规划、地理科学、环境科学、建筑学、教育学、劳动与社会保障、临床医学、数字媒体技术、戏剧影视文学、新闻学、药学、园林
20	4	安全工程、测绘工程、过程装备与控制工程、化学工程与工艺、绘画、机械工程及自动化、农村区域发展、土地资源管理、戏剧影视美术设计、医学检验、园艺、政治学与行政学、中医学
21	3	导演、德语、动物科学、俄语、法语、工程造价、光信息科学与技术、核工程与核技术、建筑环境与设备工程、金融学、科学教育、麻醉学、农学、数字媒体艺术、水利水电工程、心理学、信息工程、药物制剂、野生动物与自然保护区管理、医学影像学、预防医学、中西医临床医学
22	2	材料化学、材料物理、采矿工程、车辆工程、电气工程与自动化、雕塑、动物医学、服装设计与工程、辐射防护与环境工程、高分子材料与工程、给水排水工程、化学生物学、交通工程、交通运输、勘查技术与工程、口腔医学、录音艺术、汽车服务工程、热能与动力工程、人文教育、森林资源保护与游憩、社会学、审计学、生态学、石油工程、水产养殖学、泰语、统计学、微电子学、舞蹈编导、物流工程、西班牙语、信息安全、信息对抗技术、烟草、运动人体科学、运动训练、植物保护、中国少数民族语言文学、中药学、资源勘查工程
23	1	包装工程、保险、编辑出版学、藏药学、藏医学、草业科学、茶学、产品质量工程、朝鲜语、传播学、大气科学、地球化学、地球物理学、地下水科学与工程、地质工程、地质学、电磁场与无线技术、动植物检疫、法医学、房地产经营管理、工程结构分析、工程力学、公共管理、广播电视工程、广播影视编导、国际商务、核技术、化工与制药、机械电子工程、基础医学、集成电路设计与集成系统、交通管理工程、金融工程、酒店管理、康复治疗学、空间信息与数字技术、雷电防护科学与技术、林学、民族传统体育、木材科学与工程、农林经济管理、农业电气化与自动化、农业机械化及其自动化、农业建筑环境与能源工程、农业水利工程、农业资源与环境、轻化工程、商务英语、设施农业科学与工程、摄影、水土保持与荒漠化防治、水文与水资源工程、特殊教育、特种能源工程与烟火技术、卫生检验、文化产业管理、无机非金属材料工程、物业管理、戏剧学、信息显示与光电技术、刑事科学技术、眼视光学、遥感科学与技术、冶金工程、艺术设计学、应用电子技术教育、应用气象学、油气储运工程、越南语、运动康复与健康、针灸推拿学、侦查学、植物科学与技术、治安学、中草药栽培与鉴定、种子科学与工程、资源环境科学、作曲与作曲技术理论

（四）四川省省属本科院校本科专业学科结构考察

学校的本科专业学科结构是学校在本科教育发展过程中的重大选择，截至 2009 年底，四川省省属本科院校在学科专业结构选择上，综合化、多科性特征明显，4 所院校举办有 9 大学科门类的本科专业，5 所院校举办有 8 大学科门类的本科专业，9 所院校举办有 7 大学科门类的专业，2 所院校举办有 6 大学科门类的专业，6 所院校举办有 5 大学科门类的专业，5 所院校举办有 4 大学科门类的专业，4 所院校举办有 3 大学科门类的专业；2 所院校举办有 2 大学科门类的专业，只有 1 所院校举办专业只举办有 1 个学科门类的专业。

从二级学科门类来看，举办专业覆盖二级学科类最多的院校涵盖有 37 个二级学科类，二级学科门类在 30 个以上的院校有 4 所；二级学科类在 20—29 个之间的院校有 11 所；二级学科类在 10—19 个之间的院校有 7 所，二级学科类在 10 个以下的院校有 16 所，主要为办学定位为单科性的院校和近年来兴起的独立学院，其中二级学科门类最少的院校仅有 1 个二级学科门类，包含 9 个专业。

从学科门类、二级学科和本科专业之间的比例情况来看，全省省属本科院校平均学科门类包含二级学科数为 2.8 个，包含本科专业数为 5.58 个，学科门类包含二级学科平均数最高的为 4.38 个，最低的为 1 个；一级学科包含专业平均数最高的为 9 个，最低的为 2 个；二级学科包含本科专业平均数最高的为 9 个，最低的为 1.25 个。

从四川省省属本科院校举办各学科门类的专业数量来看，其中 14 所院校举办专业数量最多的学科是工学，1 所院校举办专业数量最多的学科是法学，3 所院校举办专业数量最多的学科是管理学，1 所院校举办专业数量最多的学科是教育学，4 所院校举办专业数量最多的学科是理学，1 所院校举办专业数量最多的学科是农学，10 所院校举办专业数量最多的学科是文学，4 所院校举办专业数量最多的学科是医学；有 1 所院校举办专业数量最多的学科为并列，分别是文学和理学。

综合来看，四川省省属本科院校举办本科专业的综合化趋向比较明显，多数院校均举办有多个学科，尤其是高等教育大众化以来，增长速度较快，但部分院校仍然具有比较鲜明的单科性特征，其中 4 所院校举办学科专业最多学科门类的学科专业数超过了所举办专业总数的 75%，各院校也在拓展学科专业结构的同时，比较注意保持和发展自身原有的特色优势学科，近 1/3 的高校所举办学科专业最多学科门类所包含学科专业数仍然保持在本校专业总数的 50% 以上，最低的也在 20% 以上。但需要注意的是，目前四川省省属本科院校的综合化还处于比较初级的阶段，相当一部分专业在学校处于十分弱势的地位；而且，出于各种原因而举办的部分学科专业与学校传统主流学科相距较远，从而使得学校的学科门类显得较多，如英语专业、计算机科学与技术专业和艺术类专业等等。因此，要在未来的建设与发展中实现实质性的综合化，提升学校学科水平的整体优势，四川省省属本科院校的建设任务依然十分艰巨。

三、四川省省属本科院校教育教学改革情况

随着我国对高等教育人才培养质量要求的不断提高，四川省各省属本科院校开展教育教学改革的积极性也在不断增加，为了对全省省属本科院校开展教育教学改革的情况进行整体考察与分析，我们选择了两个教育教学改革中的重要项目，即教育教学改革项目立项情况和教育教学成果获奖情况进行考察和分析。关于近年来开展的"本科教学质量与教学改革工程"项目的建设情况，是本书研究的重点，本书将在后续各章节进行整体分析和逐项分析。我们考察了教育教学改革项目近5年的立项情况和近3届（4年1届）的高等教育教学成果奖获奖情况。

（一）四川省省属本科院校获省级及以上教改立项情况考察[①]

2005−2009年，四川省共分两轮立项了5批高等教育人才培养质量和教学改革项目（含大学英语教学改革项目），其中2005年2批，2006年1批，2009年2批，总立项项目1634项；其中重点项目186项（含大学英语教改重大项目5项，重点项目11项），四川省省属本科院校共立项项目911项（含后来升格为本科院校的学校在专科阶段立项数），占全省立项总数的55.75%；其中重点项目94项，占全省重点项目数的50.54%，四川省省属本科院校立项重点项目数和一般项目数之比约为1∶11.5。

从年度分布情况来看，第一轮（2005−2006年），四川省共立项1002项，省属本科院校共立项项目512项，占立项项目总数的51.10%；全省共立项重点项目170项，其中省属院校立项87项，占立项项目总数的51.18%；第二轮（2009）年，四川省共立项项目632项，其中省属本科院校立项344项，占立项项目总数的54.43%；由于四川省2005高等教育人才培养质量与教学改革项目采用全省评审立项方式，而2009年采用院校限额推荐的方式，在第二轮本科教学改革立项上，省属本科院校由于院校数量的原因，在总体立项比例上有一定上升。

从立项院校情况来看，第一轮（2005−2006年），四川省省属本科院校立项项目主要分布在28所院校，共计509项，另有3项为省属本科院校与教学专业委员会联合申报），院校平均立项数约18项，12所院校超过平均数，其中立项数最多的为53项，最少的为5项。虽然独立学院建立时间较短，但也有5所院校获得了19项教改项目立项。其中，87项重点项目主要分布在20所院校，其中立项数量最多的为15项，最少的为1项；第二轮（2009年），由于采取了限额推荐的方式，35所院校共立项项目339项，另有5项为多所高校联合申报，校均立项项目数约为10项，立项项目最多的院校立项数为21项，最少的为2项，有3所独立学院没有省级教改项目立项。

---

① 所用分析数据，根据四川省相关立项文件整理分析。

　　为了分析教学改革的大体内容，我们参照一般教学建设与改革和国家教学成果奖在对教学成果评选中的分类方式，对 2005 年以来的四川省本科教学改革的情况进行了分析，发现 2005－2006 年立项项目中关注度最高（即立项数量最多）的 5 个类别分别是课程建设（138 项，占 26.95%）、实践教学（78 项，占 15.23%、教学方法与手段改革（60 项，占 11.72%）、综合改革及其他（57 项，占 11.13%）和培养模式（43 项，占 8.40%）（表 1-4）；2009 年立项项目中关注度最高的 5 个类别和 2005－2006 年相同，但顺序发生了变化，培养模式（78 项，占 22.67%），实践教学（61 项，占 17.73%），综合改革及其他（56 项，占 16.28%），课程建设（46 项，占 13.37%），教学方法与手段改革（23 项，占 6.69%），与 2005－2006 年相比，2009 年培养模式、实践教学、综合改革及其他、大学英语改革、教学资源与平台建设、专业建设在比例上出现了增加，而课程建设、教学方法与手段改革、教学管理与服务、思想政治理论课、质量保障、文化素质、队伍建设、双语教学在不同程度上出现了下降，其中增加比例最多的是培养模式的改革研究（同比增长 14.27%），降幅最大的是课程建设（同比下降 13.58%）。

　　通过上述数据分析，可初步得出四川省省属高校高等教育教学改革的几个特征：第一，随着教育教学改革的不断深化，四川省省属本科院校教学改革的重点和兴趣正在转移，涉及培养机制和体制的人才培养模式受到了更多的关注，而课程建设等由于有精品课程建设项目的开展，在一定程度上出现了下降；第二，由于申报数量的减少，各省属本科院校在教改重点选择上，更倾向于选择覆盖面广

表 1-4　2005－2006 年四川省省级教改项目立项情况分类别统计表

项目分类	立项数量	立项比例
课程建设	138	26.95%
实践教学	78	15.23%
教学方法与手段改革	60	11.72%
综合改革及其他	57	11.13%
培养模式	43	8.40%
教学管理与服务	33	6.45%
质量保障	26	5.08%
思想政治理论课	17	3.32%
大学英语改革	16	3.13%
教学资源与平台建设	14	2.73%
文化素质	11	2.15%
双语教学	7	1.37%
专业建设	7	1.37%
队伍建设	5	0.98%

的综合性项目作为教学改革的突破口；第三，在高等教育大众化背景下，实践教学仍然是各个学校关注的重点和亟待解决的难点问题。但同时，更需注意的是，一部分项目的下降并不完全代表省属本科院校降低了这些方面的改革力度，因为，绝大部分学校均开展有自身的校级教改项目立项与资助，使得各校在教学改革项目的资助上具有更大的自主性，对于各校教学改革的情况分析有待于通过改革效果来进一步深化。

表 1-5　2009 年四川省省级教改项目立项情况分类别统计表

项目分类	立项数量	立项比例	与 2005—2006 立项情况相比
培养模式	78	22.67%	↑
实践教学	61	17.73%	↑
综合改革及其他	56	16.28%	↑
课程建设	46	13.37%	↓
教学方法与手段改革	23	6.69%	↓
大学英语改革	18	5.23%	↑
教学管理与服务	13	3.78%	↓
教学资源与平台建设	12	3.49%	↑
专业建设	11	3.20%	↑
思想政治理论课	10	2.91%	↓
质量保障	8	2.33%	↓
文化素质	5	1.45%	↓
队伍建设	2	0.58%	↓
双语教学	1	0.29%	↓

（二）四川省省属本科院校获省级及以上教学成果奖情况考察

教学成果奖是国家和省级人民政府为鼓励教育工作者从事教育教学研究，提高教学水平和教育质量的重要举措。成果奖励每四年评选一届，是检阅高等学校教育教学改革情况的重要标志。下面将就近三届教学成果奖评选情况进行分析和考察。

2000 年四川省实际参加评审的教学成果 363 项，1534 名申报者中大多数是长期在教学第一线从事教学工作的中青年教师，其中相当一部分是长期从事公共课、基础课的教师；所申报成果覆盖研究生教育、本科教育、高职高专教育（含成人教育）等不同层次和办学形式，其中研究生教育项目 9 项，本科教育项目 267 项、高职高专教育（含成人教育）项目 87 项，分别占 2.5%、73.5%、24%；成果内容属教学改革的 237 项，教学管理 39 项，教学建设 87 项[1]，共评出省级高等

---

[1]　四川省教育厅编. 2000 年四川省高等教育教学成果奖选编. 成都：四川大学出版社，2002：579.

教育教学成果奖 294 项，其中一等奖 80 项，二等奖 97 项，三等奖 117 项；四川省的 19 所省属本科院校获奖 123 项(占全省总数的 41.84%)，其中一等奖 28 项(占全省总数的 35%)，二等奖 39 项(占全省总数的 31.71%)，三等奖 56 项(占全省总数的 47.86%)。由于 20 世纪 90 年代中期教育部和四川省先后启动"面向21 世纪教学内容和课程体系改革计划"，较好地培植和推动了一大批高水平成果的产生，在省属院校获奖的 123 项成果中，获奖类别最多的也是课程建设类项目，共有 48 项，占 39.02%，各类别获奖项目数量如表 1-6：

表 1-6　　2000 年四川省省属本科院校获省级高等教育教学成果奖获奖项目所属类别统计表

类别名称	项目数	所占比例
课程建设	48	39.02%
综合改革	26	21.14%
实践教学	10	8.13%
教材建设	9	7.32%
思想政治理论课	8	6.50%
专业建设	7	5.69%
教学管理	6	4.88%
培养模式	6	4.88%
教学资源	3	2.44%

在省级教学成果奖评选的基础上，获得一等奖的部分项目被推荐参加了国家教学成果奖的评选，其中省属本科院校独立完成的 9 个项目获得国家教学成果奖，如表 1-7：

表 1-7　　四川省属高校获 2001 年国家级教学成果奖情况一览表

成果名称	获奖等级	主要完成单位
构建大基础教育课程体系的研究与实践	国家级一等奖	四川农业大学
石油工程专业的改革与建设	国家级一等奖	西南石油学院(现西南石油大学)
面向 21 世纪的高师素质教育课程创新体系构建与实施	国家级二等奖	四川师范学院
普及现代教育技术探索新型教学模式	国家级二等奖	乐山师范学院
高职高专应用性人才培养模式的研究与实践	国家级二等奖	成都学院
面向 21 世纪中医药人才培养模式改革的研究与实践	国家级二等奖	成都中医药大学
林学本科专业重组课程体系，更新教学方法和手段的研究与实践	国家级二等奖	四川农业大学
以创新为指导，全面优化岗前培训实施方案，提高高校青年教师素质	国家级二等奖	四川师范大学

成果名称	获奖等级	主要完成单位
创建 21 世纪工科非化工类专业化学课程新体系及教学内容的改革与实践	国家级二等奖	成都理工学院（现成都理工大学）

2004 年，四川省实际参加省级教学成果奖评审的项目为 514 项，是 2000 年参评成果的 1.42 倍，申报者 2379 人，是 2000 年的 1.55 倍，成果依然涵盖了研究生教育、本科教育、高职高专教育（含成人教育）等不同层次和办学形式，其中研究生教育项目 30 项，本科教育项目 374 项、高职高专教育（含成人教育）项目 110 项，分别占 5.9%（比 2000 年增加 3.4%）、72.7%（比 2000 年下降 0.8%）、21.4%（比 2000 年下降 2.6%），成果内容属教书育人类 24 项，教学改革的 322 项，教学管理 43 项，教学建设 125 项[1]。共评出省级高等教育教学成果奖 368 项，其中一等奖 100 项，二等奖 122 项，三等奖 146 项；四川省的 20 所省属本科院校获奖 187 项（占全省总数的 50.82%），其中一等奖 49 项（占全省总数的 49%），二等奖 63 项（占全省总数的 51.64%），三等奖 75 项（占全省总数的 51.36%）。在省属院校获奖的 187 项成果中，获奖类别最多的仍然是课程建设类项目，共有 51 项，但所占比例有较大下降，仅占 27.27%，各类别获奖项目数量如表 1-8：

表 1-8　2004 年四川省省属本科院校获省级高等教育教学成果奖获奖项目所属类别统计表

类别名称	项目数	所占比例
课程建设	51	27.27%
综合改革	45	24.06%
教材建设	21	11.23%
实践教学	20	10.70%
培养模式	14	7.49%
教学管理	13	6.95%
专业建设	13	6.95%
思想政治理论课	10	5.35%

在 2004 年的国家级教学成果评选中，省属本科院校独立完成的成果仅有 6 项，与 2000 年相比减少了 3 项，获奖院校也只有 3 所（表 1-9）。

---

〔1〕 四川省教育厅编. 2004 年四川省高等教育教学成果奖选编. 成都：四川大学出版社，2005：410.

表 1-9　四川省属高校获 2005 年国家级教学成果奖情况一览表

成果名称	获奖等级	主要完成单位
21 世纪初一般院校工科人才培养模式改革的研究与实践	国家级二等奖	西南石油学院（现西南石油大学）
石油工程本科国际化应用型人才培养研究与实践	国家级二等奖	西南石油学院（现西南石油大学）
新世纪农林本科专业现代化建设的研究与实践	国家级二等奖	四川农业大学
作物遗传育种博士生培养新体系的构建与实践	国家级二等奖	四川农业大学
整合高校成教、自考、网教资源，创新农村应用人才培养模式	国家级二等奖	四川农业大学
《全民健身概论》课程建设的理论与实践	国家级二等奖	成都体育学院

2009 年，全省共申报成果 602 项，评出省级教学成果奖 360 项，其中一等奖 110 项，二等奖 120 项，三等奖 130 项，省属本科院校共获奖 180 项（占全省总数的 50％），其中 48 项（占全省总数的 43.64％），二等奖 63 项（占全省总数的 52.5％），三等奖 69 项（占全省总数的 53.08％），在省属院校获奖的 180 项成果中，获奖类别最多的变化为综合改革类项目，有 51 项，占获奖总数的 27.78％，各类别获奖项目数量如表 1-10：

表 1-10　2009 年四川省省属本科院校获省级高等教育教学成果奖获奖项目所属类别统计表

项目类别	获奖数量	所占比例
综合改革	50	27.78％
课程建设	41	22.78％
实践教学	25	13.89％
培养模式	22	12.22％
教学管理	17	9.44％
专业建设	11	6.11％
教材建设	8	4.44％
思想政治理论课	6	3.33％

在 2009 年的国家级教学成果评选中，省属本科院校独立完成的成果仍为 6 项，获奖院校为 4 所（表 1-11）。

表 1-11　四川省属高校获 2009 年国家级教学成果奖情况一览表

成果名称	获奖等级	主要完成单位
"形势与政策"课的教学模式改革与创新体系	国家二等奖	成都理工大学
区域产学研联盟培养高级应用型人才的探索与实践	国家二等奖	西南科技大学
地方高等中医药院校人才培养目标、模式和方法的研究与实践	国家二等奖	成都中医药大学
构建地方高校服务型监控与保障体系，提高教育教学质量的探索与实践	国家二等奖	四川师范大学

成果名称	获奖等级	主要完成单位
西部地区高素质复合型师资培养的改革与实践	国家二等奖	四川师范大学
以审美教育为切入点，全面提升学生综合素质的探索与实践	国家二等奖	四川师范大学

综上所述，四川省地方院校本科教育具有以下特征：

第一，四川省是高教大省，地方院校本科教育无论从院校数量、举办专业数量还是在校学生规模，在全国均位居前列，在西部高等教育事业发展中占有重要的一席之地；但同时，四川也是人口大省和民族大省，加快高等教育事业发展，提升高等教育质量的任务十分艰巨。

第二，虽然四川省地方院校数量众多、规模较大，但是四川省地方本科教育的发展是伴随着我国高等教育大众化战略的实施而发展起来的，通过升格的方式，在 2000 年以来，新增了 11 所公办本科院校；而通过民营资本与公立大学合作的方式举办了 13 所独立学院，新建院校数占到了地方本科院校数的 63%；相当一部分专业是近十年来开始举办的，由于举办历史较短，四川地方本科院校要更好地担负起为地方经济社会发展服务，更加适应经济社会发展的需要，还需要在今后相当长的一段时间内付出更多的努力。

第三，从学科专业结构来看，四川省大多数地方本科院校学科专业结构覆盖面广，举办专业数多，基本能满足四川经济社会发展对各类人才的需求，但是院校之间专业相似度高，在一些学科门类的专业建设中存在着大量的低水平重复建设项目，院校间专业差异不大，各专业办学特色不鲜明。虽然通过专业扩展，地方本科院校在一定程度上满足了人民群众接受高等教育的强烈愿望，但由于一些专业的办学条件差、办学历史短、办学经验不足，导致办学质量不高，学生在就业时显现出竞争力不强等问题。

第四，在党的教育方针、政策的引领下，四川省地方本科院校比较重视教育教学改革活动的开展，通过四川省高等教育教学改革项目的设立和部分学校教育教学改革项目的开展，各院校积极在本科教育领域的教育教学观念、教育模式、教学内容、教学方法、教学手段、教学管理等方面进行了大量的改革和探索，取得了众多的成绩。但是综合来看，四川省属本科院校在整体办学水平上还需要较大的发展，与一些高教强省比较，省属院校的可比指标还不具有明显的竞争力，还不能完全满足快速发展的四川经济文化事业的需要。

第二节　四川省省属本科院校教育教学改革面临的任务与问题

本科教育处于整个教育事业发展的核心地位，省属本科院校承担着实现高等教育大众化、为地方经济社会发展输送人才的主要任务，省属本科院校本科教学水平的高低直接决定着本区域高等教育的发展水平，决定着对区域经济社会发展所需高层次人才的供给能力，因此加强省属本科院校教育教学改革与发展是发展高等教育事业的重要任务。

一、四川省省属本科院校教育教学改革面临的主要形势

（一）党和国家对高等教育提出的高要求

2010 年 7 月 13 日－14 日，全国教育工作会议在北京召开。这是党中央、国务院在新世纪召开的第一次全国教育工作会议，也是改革开放 30 多年来第四次全国教育工作会议，会议对我国未来十年的教育事业改革与发展做出了总体部署，同时，发布了《国家中长期教育事业改革与发展规划纲要（2010－2020 年）》，明确提出"优先发展、育人为本、改革创新、促进公平、提高质量"的工作方针，提出要"把教育摆在优先发展的战略地位；把育人为本作为教育工作的根本要求；把改革创新作为教育发展的强大动力；把促进公平作为国家基本教育政策；把提高质量作为教育改革发展的核心任务。"《纲要》提出，在 2015 年高等教育毛入学率达到 36%，在校生总规模达到 3350 万，到 2020 年高等教育毛入学率达到 40%，在校生总规模达到 3550 万；具有高等教育文化程度的人数要从 2009 年的 9830 万人，2015 年要达到 14500 万人，2020 年要达到 19500 万人。同时，国家明确了今后一段时期高等教育发展的主要发展任务：

全面提高高等教育质量。高等教育承担着培养高级专门人才、发展科学技术文化、促进社会主义现代化建设的重大任务。提高质量是高等教育发展的核心任务，是建设高等教育强国的基本要求。到 2020 年，高等教育结构更加合理，特色更加鲜明，人才培养、科学研究和社会服务整体水平全面提升，建成一批国际知名、有特色、高水平的高等学校，若干所大学达到或接近世界一流大学水平，高等教育国际竞争力显著增强。

提高人才培养质量。牢固确立人才培养在高校工作中的中心地位，着力培养信念执著、品德优良、知识丰富、本领过硬的高素质专门人才和拔尖创新人才。加大教学投入。把教学作为教师考核的首要内容，把教授为低年级学生授课作为重要制度。加强实验室、校内外实习基地、课程教材等基本建设。深化教学改革。推进和完善学分制，实行弹性学制，促进文理交融。支持学生参与科学研究，强化实践教学环节。加强就业创业教育和就业指导服务。创立高校与科研院所、行业、企业联合培养人才的新机制。全面实施"高等学校本科教学质量与教学改革工程"。严格教学管理。健全教学质量保障体系，改进高校教学评估。充分调动学生学习积极性和主动性，激励学生刻苦学习，增强诚信意识，养成良好学风。

大力推进研究生培养机制改革。建立以科学与工程技术研究为主导的导师责任制和导师项目资助制，推行产学研联合培养研究生的"双导师制"。实施"研究生教育创新计划"。加强管理，不断提高研究生特别是博士生培

养质量。

提升科学研究水平。充分发挥高校在国家创新体系中的重要作用，鼓励高校在知识创新、技术创新、国防科技创新和区域创新中作出贡献。大力开展自然科学、技术科学、哲学社会科学研究。坚持服务国家目标与鼓励自由探索相结合，加强基础研究；以重大现实问题为主攻方向，加强应用研究。促进高校、科研院所、企业科技教育资源共享，推动高校创新组织模式，培育跨学科、跨领域的科研与教学相结合的团队。促进科研与教学互动、与创新人才培养相结合。充分发挥研究生在科学研究中的作用。加强高校重点科研创新基地与科技创新平台建设。完善以创新和质量为导向的科研评价机制。积极参与马克思主义理论研究和建设工程。深入实施"高等学校哲学社会科学繁荣计划"。

增强社会服务能力。高校要牢固树立主动为社会服务的意识，全方位开展服务。推进产学研用结合，加快科技成果转化，规范校办产业发展。为社会成员提供继续教育服务。开展科学普及工作，提高公众科学素质和人文素质。积极推进文化传播，弘扬优秀传统文化，发展先进文化。积极参与决策咨询，主动开展前瞻性、对策性研究，充分发挥智囊团、思想库作用。鼓励师生开展志愿服务。

优化结构办出特色。适应国家和区域经济社会发展需要，建立动态调整机制，不断优化高等教育结构。优化学科专业、类型、层次结构，促进多学科交叉和融合。重点扩大应用型、复合型、技能型人才培养规模。加快发展专业学位研究生教育。优化区域布局结构。设立支持地方高等教育专项资金，实施中西部高等教育振兴计划。新增招生计划向中西部高等教育资源短缺地区倾斜，扩大东部高校在中西部地区招生规模，加大东部高校对西部高校对口支援力度。鼓励东部地区高等教育率先发展。建立完善军民结合、寓军于民的军队人才培养体系。

促进高校办出特色。建立高校分类体系，实行分类管理。发挥政策指导和资源配置的作用，引导高校合理定位，克服同质化倾向，形成各自的办学理念和风格，在不同层次、不同领域办出特色，争创一流。

加快建设一流大学和一流学科。以重点学科建设为基础，继续实施"985工程"和优势学科创新平台建设，继续实施"211工程"和启动特色重点学科项目。改进管理模式，引入竞争机制，实行绩效评估，进行动态管理。鼓励学校优势学科面向世界，支持参与和设立国际学术合作组织、国际科学计划，支持与境外高水平教育、科研机构建立联合研发基地。加快创建世界一流大学和高水平大学的步伐，培养一批拔尖创新人才，形成一批世界一流学科，产生一批国际领先的原创性成果，为提升我国综合国力贡献力量。

为了实现发展任务，国家将从多个方面加大对高等教育的建设支持力度。一是经费投入将进一步增加，高等学校办学生均经费将会得到较大幅度的提高，各项建设计划的专项投入经费将会进一步加大，大众化以来由于校舍建设等带来的高校债务负担也会得到进一步化解；二是各项专项建设计划将进一步加大，国家明确了提出将继续实施"高等学校本科教学质量与教学改革工程"，促进高校加强教学改革与建设，提高人才培养质量，针对区域高等教育发展不均衡的现实，国家将会实施中西部高等教育振兴计划，加大对中西部地方高校的建设支持力度，提升中西部高校尤其是地方高校的建设水平，这对包括四川在内的地方高校将会是一次重要的战略发展机遇；三是国家将在高等教育领域开展若干重大改革试点，现代大学制度的建设，必将进一步激发大学办学的生机和活力，考试招生制度的改革必将带来人才培养的系列变革；四是国家将对不同类型、不同层次的高校进行分类指导、分类管理，鼓励高校在不同层次、不同领域办出特色，这对长期在高等教育竞争中处于弱势地位的地方本科院校将会带来新的发展机遇，等等。

（二）四川省对高等教育发展做出了新的部署

2010 年 12 月 21－22 日，四川省省委、省政府在成都召开四川省教育工作会议，颁布实施《四川省中长期教育事业改革与发展规划纲要（2010－2020 年）》，在国家提出的"二十字方针"基础上，明确提出将"服务社会"作为教育事业发展的指导方针，在高等教育发展任务上明确提出"提升高等教育办学水平"，并从"推进高等教育内涵发展"、"提高人才培养质量"、"优化结构办出特色"、"提升科技创新水平"、"增强服务地方能力"等 5 个方面对高等教育任务作出了具体阐述，明确提出由高等教育大省向高等教育强省的战略转变。为全面加强高等学校建设，在《纲要》提出的"八九十"教育改革发展重大项目对高等教育进行专门设计。主要包括：

在"八大计划"中，四川省明确提出将实施"高等教育质量提升计划"，具体内容是：深入实施"质量工程"，支持"985 工程"和"211 工程"高校建设，使其成为拔尖创新人才培养基地和知识创新服务基地；支持 10 所左右地方本科院校建好优势学科和特色专业，成为人才培养质量高、科技创新能力强、特色鲜明的高水平大学；支持新建本科院校加强教学基本建设，全面达到国家评估验收标准；支持国家级示范高职院校和骨干高职院校建设，加强省示范高职院校建设，形成一批高素质高技能人才培养骨干基地；实施"研究生教育创新计划"，改革研究生培养模式，全面提高研究生教育质量；支持高校科技创新平台、哲学社科研究基地建设，全面提升高校科研能力。

在高等教育质量提升计划尤其是重点提出"支持 10 所左右地方本科院校建好优势学科和特色专业，成为人才培养质量高、科技创新能力强、特色鲜明的高水平大学"，这表明了省委、省政府加强地方本科院校建设的决心，为地方本科院校的发展提供了良好机遇。

在"九大工程"中，四川省明确提出将实施"高等学校优势学科与特色专业建设工程"，具体内容是：培育一批适应需求、优势突出、特色鲜明、质量优异、水平领先的学科专业。突出重点，建设一批博士学位授权点和重点学科。加强高层次创新人才培养基地和应用型技能型人才培养基地建设。建设一批特色专业、精品课程和双语示范课程。加强优秀教学团队、实验教学示范中心、示范实习基地和高职专业教学资源库建设，培育造就一批学科带头人和教学名师，资助建设一批优秀教材。

在高等学校优势学科与特色专业建设工程中对高等学校加强内涵建设、提升办学质量的支持途径进行了重点规划，为四川省属高校加强相关领域建设指明了方向，明确了目标。

在"十大改革试点"中，多项改革试点工作与高等教育紧密相关，具体包括：

拔尖创新人才培养改革试点。以培养学生创新意识、创新思维和创新能力为目标，探索各级各类学校有机衔接培养创新人才的途径。开展高中阶段、高等学校拔尖学生培养模式改革试点。组织部分中学实施"建立拔尖人才培养基地"国家改革试点项目。更新教育观念，深化人才培养模式改革，促进文理融合，科学人文并重。促进高校科研与教学紧密结合，支持高校学生多形式、多途径参与科学研究，实施"四川大学生创新性实验计划"。支持高校之间、校企之间、学校与科研机构之间合作建设创新人才培养基地。

考试招生制度改革试点。全面落实义务教育公办学校就近免试入学。强化中考政策导向，建立完善评价机制，探索多样化的普通高中招生方式，全面实施学业水平考试与综合素质评价相结合的高中招生制度。从2013年起实施与高中新课程改革衔接的高考改革方案，探索以高考成绩为主要依据，结合学业水平考试成绩和综合素质评价，择优录取、自主录取、推荐录取、定向录取、破格录取的具体方式。开展成人高等教育注册入学试点。

现代大学制度改革试点。完善治理结构，落实学校办学自主权。制定和完善学校章程，探索学校理事会或董事会、学术委员会发挥作用的机制。探索建立符合高校特点的管理制度和教授治学的有效途径，克服行政化倾向。全面实行人员聘用制度和岗位管理制度。深化收入分配制度改革，探索协议工资制等灵活多样的分配办法。建立校务公开和年度质量报告发布制度。

深化办学体制改革试点。创新公办学校办学体制机制。探索联合办学、中外合作办学、委托管理等改革试验。选择不同民办学校开展营利性和非营利性分类管理试点。开展民办学校教师参加事业单位养老保险试点。建立民办学校财务、会计和资产管理制度。探索建立民办学校办学风险防范机制和退出机制。探索独立学院发展和管理的有效方式。

地方教育投入保障机制改革试点。建立地方各级政府依法增加投入，社会多渠道筹措教育经费长效机制。制定各级学校生均经费基本标准和生均财政拨款基本标准。建立教育投入分项分担机制。巩固完善义务教育经费保障机制，切实落实各级政府教育投入分项分担责任。建立完善非义务教育多渠道筹措经费的长效机制，尽快化解义务教育学校债务。积极探索地方政府收入统筹用于支持教育的办法，积极调整财政支出结构，新增财力重点支持教育发展。对长期在农村基层、艰苦边远地区和民族地区工作的教师实行工资福利倾斜政策。

通过系列改革试点，四川省高校尤其是省属本科院校在办学体制、保障机制、招生制度、学校管理、人才培养等方面将会发生重大变革，必将进一步激活学校的办学活力，促进学校加强各个方面的改革与建设，提升办学水平和质量。

总体而言，《四川省中长期教育事业改革和发展规划纲要(2010—2020 年)的制定和实施为四川教育事业发展绘制了宏伟蓝图，对高等教育尤其是地方高等教育的战略部署，为四川省属本科院校的发展创造了良好的条件。

（三）中央财政支持地方高校的专项项目为地方本科院校发展带来了新机遇

2010 年，为支持地方高校发展，财政部设立"中央财政支持地方高校发展专项资金"，组织各省、市、自治区、直辖市和地方高等院校编制了《中央财政支持地方高校发展专项资金项目建设规划(2010—2012 年)》，指导高等学校从特色重点学科建设、省级重点学科建设、教学实验平台建设、科研平台和专业能力实践基地建设、公共服务体系建设、师资队伍建设等 6 个方面加强办学条件建设和人才培养改革，并给予经费支持。

在财政部的指导下，在各省财政厅、教育厅的组织下，各高校围绕自身建设实际编制了三年规划，2010 年规划的部分项目在财政部的支持下也开始实施，这对长期以来受建设资金匮乏而影响发展的地方高校而言，通过中央财政的支持，不断改善自身办学条件，促进教学改革，提升人才培养质量无疑是一次重要的机遇。四川地方高校利用这一次规划编制契机，对自身建设做了全面、详尽的建设规划和部署，为自身未来一段时间的发展明确了目标和方向，也为进一步的建设和改革奠定了坚实的基础。

（四）四川省经济社会事业发展给四川地方本科院校本科教育提出了重大挑战

虽然国家、四川省对未来高等教育事业的发展做出了明确部署，并将从不同方面进行全方位、大力度的支持，但是我们也必须清醒地认识到，四川省地方本科院校在未来的发展中依然面临着重大的挑战。尤其是在《四川省中长期教育事业改革和发展规划纲要(2010—2020 年)》中明确提出的"到 2020 年，基本实现教育现代化，基本形成学习型社会，建成教育强省和西部人才高地"的战略发展目标，以及在"服务社会"的工作方针中明确要求的"服务经济社会发展是对教育改革发展的基本要求。突出发挥教育人才、学科专业和知识技术的牵引、推动和支撑作用，适应四川长远发展总体战略，紧紧围绕'一主、三化、三加强'的基本思路和'一枢纽、三中心、四基地'的发展目标，完善现代国民教育体系和终身教育体系，大规模培养和汇聚各类型各层次高素质人才。完善知识创新和知识服务体系，推进教育与科技、经济紧密结合，增强教育服务经济社会发展能力和文化引领能力，着力提升教育对经济发展的贡献率"，这无疑都给高校尤其是四川地方本科院校提出了重大挑战。

第一，四川省省委、省政府明确提出了构建学习型社会和建设人力资源强省的战略发展目标，但由于各个方面的原因，要尽快达到先进省份水平的要求，四川省属本科院校距离全国的发展水平目标还有一定的差距，其未来的建设任务还十分繁重。

第二，建设西部人才高地和教育强省战略给四川省属本科院校提出了挑战。根据部署，四川省建立西部人才高地的具体内涵是："以四川省发展需要的高端人才和急需紧缺人才为重点，加强人才能力建设，加快人才资源布局调整，加大人才体制机制创新力度，着力构建西部高端人才汇聚中心，着力打造人才创新创业基地，形成'区域人才小高地、产业人才大集群'的新格局。到 2020 年，全省按现行统计口径的人才数量在现有基础上增加一半以上，达到 1100 万人，人才资源总量占人力资源总量的比例由现在的 11.5% 提高到 17.5%。"对建设教育强省的具体要求是："到 2020 年，主要劳动年龄人口平均受教育年限达到 11 年以上，基本普及学前三年教育，基本普及高中段教育，高等教育毛入学率达到40%，基本满足各类人员接受各种形式高等教育的要求，基本建成终身教育体系，初步实现教育现代化。"西部人才高地和教育强省战略不仅对人才培养数量、人才结构、人才质量均有明确的高要求，四川高等院校在其中承担了十分繁重的人才培养任务，这对作为四川省高等教育重要组成部分的四川地方高校而言，任务十分艰巨。

第三，四川省省委在九届五次全会上提出了加快建设灾后美好新家园和加快建设西部经济发展高地之"两个加快"的重大决策：以工业强省为主导，大力推进新型工业化、新型城镇化、农业现代化，加强开放合作，加强科技教育，加强基础设施建设的"一主、三化、三加强"的基本思路；建设贯通南北、连接东西、通江达海的西部综合交通枢纽，指建设西部物流中心、商贸中心、金融中心，建设重要战略资源开发基地、现代加工制造业基地、科技创新产业化基地、农产品深加工基地的"一枢纽、三中心、四基地"的发展目标，对承担四川经济社会发展高层次人才供给任务的四川省省属本科院校提出了极高的要求。

第四，四川省发展新兴战略产业、"7+3"产业和"塔尖"产业对四川省省属本科院校人才培养提出了严峻的挑战。根据总体部署，四川省将重点发展电子信息、装备制造、能源电力、油气化工、钒钛钢铁、饮料食品和现代中药等 7 个优势产业，积极培育航空航天、汽车制造、生物工程等 3 个有潜力的产业（简称

"7+3"产业）；四川省将重点培育新能源产业、新材料产业、电子信息产业、生物医药产业、节能环保产业、新能源汽车等以重大技术突破和重大发展需求为基础，对经济社会全局和长远发展具有重大引领带动作用，知识技术密集、物质资源消耗少、成长潜力大、综合效益好的 6 大战略性新兴产业；四川省将重点在装备制造业、新材料产业、生物产业、新一代信息技术产业等 4 个领域打造占据产业分工链条关键环节、价值链的高端的知识密集型产业；打造全国领先、世界一流，具有显著比较优势和充分竞争优势，行业广泛认可、人才高度向往、符合现代经济发展方式、具有较高的科技含量、能够带动全省发展的人才密集型的"塔尖"产业。从这些产业所需人才来看，四川省地方高校目前供给能力还十分有限，如何通过深化改革、加强建设来满足区域经济发展需要是四川省属本科院校面临的重要任务。

二、四川省省属本科院校教育教学改革存在的主要问题

面向未来建设与发展的高要求，四川省属地方高校虽然在办学规模、学科专业结构、教育教学改革等方面具有一定的基础，但仍然面临着一些亟待解决的问题：

（一）教育规模发展与教育资源紧缺之间的矛盾

高等教育大众化以来，四川省地方高校数量实现了极大的增加，学科专业结构得到了进一步的优化，在校生规模不断扩大。与 1999 年相比，到 2008 年，普通高等教育本专科生在校生 157.7 万人，毛入学率提高了 12.8 个百分点，增长 4.8 倍；高校招生规模人数由 1999 年的 7.19 万人增加到 2008 年的 33.04 万人，增长 4.6 倍，年均增长 36%。但是，包括校舍面积、教学科研设备、教师队伍、图书资料等教育教学资源的增长速度并未能满足办学规模的需要，政府投入和高等学校自筹的有限资金主要用于基本的教学设施如教学用房、宿舍等建设上，教学所需的其他设施比较匮乏。但是，由于四川省地方本科院校的投入长期低于其他省、市的地方院校和部委属院校，造成教育资源十分紧张。虽然在国家和四川《教育规划纲要》颁布以后，加大办学投入成为国家和四川省保障教育教学的重要措施，但是由于历史积累的欠账较多，改善办学条件、丰富教学资源还有一定的过程。同时，根据战略部署，教育规模有可能进一步扩大，因而教育资源紧张的可能性还将在一定时期内存在，这对要加快发展的四川地方高校教育事业无疑是一个比较大的困难。

（二）人才培养与地方经济社会发展需要结合不够紧密

根据四川省总体部署，在四川实施"两个加快"战略，贯彻"一主、三化、三加强"的基本思路，实现"一枢纽、三中心、四基地"发展目标，大力发展战略新兴产业、"塔尖"产业、"7+3"产业，建设西部人才高度和教育强省过程

中，对高层次专门人才的需求较大，对人才培养质量的要求较高，这对在办学规模上占四川高等教育大多数的四川省属本科院校来说是个十分严峻的挑战。

总体而言，四川省属本科院校适应四川省经济社会发展的能力还不够强，在四川省所要重点发展的产业中，高层次人才的供给能力还比较弱。同时，在高等教育大众化进程中，由于办学经费的缺乏，部分院校将学科专业建设的重点依然放在一些办学条件限制较小、办学成本较低的专业上，对传统经济结构和传统产业的依赖性较大，对于在经济转型中所要发展的战略新兴产业、"塔尖"产业、"7+3"产业等在办学条件的准备上存在不足，这引发了未来发展的严峻挑战。

（三）办学"同质化"与社会需求多样化之间矛盾突出

从前述四川省属本科院校的学科专业结构来看，多数院校主要围绕一些领域的学科专业进行集中办学，这与社会需求有较大关联。但是在办学过程中，不少地方本科院校表现出较严重的办学模式趋同和攀升现象，办学定位不准、办学特色不突出、办学优势不明显，不少院校脱离行业特色，向综合化的方向转变，学科专业之间同质化的倾向不同程度的存在，缺少差异、缺少特色、缺少竞争力，这就导致：一方面，学生在就业过程中，一些领域人满为患，就业竞争十分激烈；另一方面，一些领域却缺乏对应的人才培养，难以满足社会需求。这一现象不论是对院校自身的生存与发展，还是对社会多元需求的人才供给而言，都存在捉襟见肘的问题。

办学特色是高等学校的核心竞争力，决定着高等学校的办学水平。国家《纲要》明确将"优化结构办出特色"作为高教改革思路之一，提出要"建立高校分类体系，实行分类管理。发挥政策指导和资源配置的作用，引导高校合理定位，克服同质化倾向，形成各自的办学理念和风格，在不同层次、不同领域办出特色，争创一流"。但是，目前四川省省属本科院校高等教育同质化倾向仍然不同程度的存在，求大求多同质的现象依然存在，学校自身的定位、自身的目标、自身的特色等办学的根本问题在部分省属高校尚未得到明确，导致高校办学特色尚不鲜明，定位尚不准确，致使学校学生同质化倾向明显、核心竞争力缺乏，难以满足社会需求。

（四）办学规模扩展和办学质量提升之间的矛盾依然突出

"质量、规模、结构、效益"的协调发展是新时期我国高等教育事业发展的基本要求，高等教育大众化战略实施以来，四川省省属本科院校在规模扩展上实现了快速发展，在满足人民群众接受高等教育需求的同时，为院校自身的发展也带来了新的机遇。但是在扩招过程中，一些院校并没有深入研究教育教学改革和教学质量提高的问题，仅仅将办学的重点放在扩招上，如何招收更多的学生、实现更大的规模扩展在一些院校还普遍存在，然而将办学质量摆在发展核心位置的战略意识在一些高校却并未形成。

办学质量是高等教育的生命线，提升教育质量是党和国家在教育事业发展中赋予高等教育的发展任务。但是，一些学校并没有建立起与自身实际相符合的质量观念，并没有构建起确保自身办学目标顺利实现的质量保障体系，对办学水平高低的评价，还没有完成从"自我为主"到"社会为主"的转向，甚至有的学校教学建设浮于表面、教学改革流于形式、教学管理缺乏规范，致使办学质量不高，学生竞争力不强，一方面难以满足经济社会发展对人才的需求，另一方面学生毕业后面临着十分严峻的就业形势，衍生出一些社会问题，加重了社会和家庭的负担。

（五）四川省属本科院校教育教学创新能力与教育质量要求之间的矛盾突出

教育改革是一项涉及观念更新、体制改革、行为转变的系统行动，四川省省属本科院校要提高教育质量需要高校不断地提高教育教学创新能力。但是，从衡量高等教育教学创新能力的重要指标之一——国家级高等教育教学成果奖的获奖情况来看，四川省属高校在教育教学创新能力还有待于进一步加强，主要存在的问题包括：

办学理念更新问题。办学理念是高等教育事业的灵魂，指引着高等教育事业的发展方向。当今世界正处在大发展、大变革、大调整时期，世界多极化、经济全球化深入发展，科技进步日新月异，人才竞争日趋激烈，未来一段时间，我国经济社会发展的重点在整个世界经济社会格局的地位和作用都将发生新的变化，四川省经济社会事业发展也会迎来新的变化、新的挑战和新的机遇。在新的历史发展时期，立足国家尤其是四川经济社会发展需要、根据国家尤其是四川总体发展战略，四川省属本科院校需要进一步明确办学理念，"举办什么样的大学？怎样办好大学？"、"应当培养什么样的人？如何培养人？"，换言之，如何通过更新办学理念，切实将高等教育从"扩张规模"转向"提高质量"，从"外延发展"转向"内涵发展"，进而使高等教育事业更好地为经济社会发展服务、为人的全面发展服务，这些办学理念的根本问题都有待四川省属高校进一步加强研究和思考。

人才培养模式改革问题。人才培养模式是人才培养的顶层设计，对于培养符合办学定位的人才具有十分重要的作用。但是目前四川省属高校除少数高校积极探索人才培养模式改革外，大多数高校的人才培养模式改革还处于起步阶段。2008年以来，四川省教育厅启动了四川省属本科院校人才培养模式创新实验区建设工作，通过项目建设在一定程度上缓解了这一问题，但总体而言，人才培养模式趋同的情况还不同程度的存在，大多数人才培养领域具有自身特色的培养模式尚未形成，启发式、探究式、讨论式、参与式等教学方法与手段尚未得到广泛应用，因材施教的理念尚未得到有效的落实，培养形式还比较单一，这不仅制约了高校满足社会多元化需求的能力，而且制约着高校自身的发展。

专业特色的建设问题。近年来，四川省省属本科院校的学科专业规模实现了大的发展，学科专业数量实现了大的增长，在人才培养数量上实现了大的突破。但是在发展过程中，由于这些专业办学历史短、办学基础较为薄弱、办学模式尚处于探索阶段，致使专业办学特色还相对缺乏，"人无我有、人有我优、人优我特"的专业办学特色尚未形成，各院校专业办学在课程设置等各个环节趋同的情况还比较严重，新办专业与传统优势专业之间的互补关系并未形成，模仿、重复较多，英语、艺术设计、计算机科学与技术、市场营销等布点数较多的专业就是明例。事实上，针对什么样的行业、确定什么样的定位、形成什么样的特色等这些问题对各院校举办什么样的专业十分重要，但是从目前情况来看，这些问题尚未得到有效解决。

课程建设的问题。课程是学校教育的核心，是本科人才培养的主要教学活动。近年来，通过国家、省、校三级精品课程建设的拉动，四川省属本科高校的课程建设实现了大的发展，形成了一些标志性的课程。但从国家精品课程数、国家规划教材数等课程建设的核心指标来看，四川省属本科院校尤其是其中独立学院的课程建设水平还需进一步提高。这类高校的课程体系不合理，课程教学内容陈旧、与社会实际需要之间存在较大差距，课程教学方法与手段落后，难以满足学生自主学习、研究性学习的需要等问题还不同程度的存在。

实践教学的问题。实践教学是培养学生创新精神和实践能力的重要环节。近年来，实践教学改革被教育主管部门摆放在十分重要的位置，并通过实验教学示范中心建设等进行强力推动，明确了不同专业实践教学应占总教学量的比重。四川省属高校也对实践教学进行了大力度的改革，但从实际情况来看，实践教学薄弱的问题还不同程度的存在，实践教学体系还有待于进一步优化和完善，全方位、大力度的开展实践教学的机制尚未形成；实践教学条件较差，校内实验（实训）条件还不能完全满足实践教学的需要，基于行业、企业的实践教学基地建设还有待于进一步加强；实践教学内容有待于进一步更新，实验（实训）项目设计水平还不高；实践教学管理水平有待提高，大部分院校的实验教学学分制改革还比较滞后，等等。

（六）师资队伍的数量与水平与实际需要之间还存在比较大的差距

如果说教育是国家发展的基石，教师就是奠基者，没有好的教师，就没有好的教育。大众化战略实施以来，四川省省属本科院校教师规模不断扩大，但距离提高教育质量的目标仍有差距，这主要表现在：一是数量上不足，师资缺口仍然较大；二是结构不合理，高水平学科带头人缺乏，国家级专家、国家教学名师等高水平人才还比较少，高职称、高学历教师比例总体偏低，35 岁以下青年教师数量多，建设任务艰巨；三是教师师德和业务水平有待于进一步提升，尤其是青年教师队伍建设压力很大；四是把教学作为教师考核的首要内容的机制还没有形成，把教授为低年级学生授课作为重要制度的体制还有待于进一步完善，一方面师资缺乏，另一方面部分教授、副教授却基本不承担本专科教学任务，严重加剧了师资短缺的紧张程度，制约了教育教学质量的提高。

综合来看，在本科教育层面，四川省属本科院校不论是在办学理念、办学条件、教师队伍、教学改革等方面都还存在不少问题，需要高校不断深化改革、加强建设、提高质量，才能对四川省建设高教强省和西部人才高地提供有力的支撑。

三、四川省省属本科院校教育教学改革的主要建议

（一）强化意识，切实将发展中心转移到提高本科教育质量

教育是民族振兴、社会进步的基石。在新的发展时期，党和政府已经将教育的战略地位提升到历史新高度，明确了新世纪新阶段教育事业的历史方位和崇高使命，进一步明确了强国必先强教的战略发展思路。在建设现代化强国进程中，在推进社会主义经济建设、政治建设、文化建设、社会建设以及生态文明建设的过程中，在建设人力资源强国的新征程上，教育的基础性地位得到不断强化。高等教育承担着培养高级专门人才、发展科学技术文化、促进社会主义现代化建设的重大任务，在我国社会主义现代化建设和实现中华民族伟大复兴的进程中，担负着神圣而艰巨的历史重任。因此，提高质量是高等教育发展的核心任务，也是建设高等教育强国、高等教育强省的基本要求。

四川省省属本科院校必须深入学习和深刻领会教育工作会议和《纲要》精神、按照"优先发展、育人为本、改革创新、促进公平、提高质量、服务社会"的工作方针，"抢抓发展新机遇，始终牢记新时期的历史责任"，全面转变教育思想观念，确保将思想和行动统一到党和国家的总体部署之中，不断推进高等教育事业的科学发展，持续提升高等教育教学质量。

在新的发展时期，四川省属本科院校更应根据"质量、规模、结构、效益"协调发展的高等教育基本要求，一是要切实将学校发展重点中从以注重规模扩张为主向以注重质量提升为主转变；二是要切实落实本科教育在学校各项工作中的中心地位，强化人才培养在各项工作中的核心地位，不断加强本科人才培养；三是在本科教育的各项工作中，要进一步强化质量意识、特色意识，以学生发展为中心，不断加强各环节的改革与建设，切实提高本科教育质量。

（二）立足区域，努力与四川经济社会发展相结合

在未来一段时期，我国教育事业将发生大的变革、迎来大的发展，在高等教育领域，中央将针对中西部地区实施中西部高等教育振兴计划，加强中西部地方高校优势学科和师资队伍建设。四川省也将会进一步加强引导和支持，努力引导各个类型、各个层次高校分类办学、分层办学，促进各个类型、各个层次高校分类发展、特色发展、个性发展，支持高等学校继承传统、发挥优势，各安其位、

各显所长，提升核心竞争力，在各自类型和层次上争创一流，鼓励高校从"混沌型"、"同质型"向"特色型"和"优势型"转变。

在新的发展时期，四川省将实施"两个加快"重大决策，贯彻"一主、三化、三加强"的基本发展思路和"一枢纽、三中心、四基地"战略工程，重点发展"7+3"产业、战略性新兴产业、"塔尖"产业，完善终身教育体系、构建学习型社会、建设西部人才高地和教育强省。作为四川省教育体系中占有重要地位的四川省属地方高校更应结合四川经济社会发展需要，深化自身改革，努力增强对四川省经济社会发展所需各类人才的供给能力，在支持地方发展的同时，不断提升自身的教育质量和办学水平。

在新的历史时期，四川省省属地方高校要立足实际，从四川经济社会发展需要出发，加强自身的各项改革与建设工作，在本科教育领域，一是要加强对地方经济社会发展对高层次人才需求的研究，并以此为导向调整并优化学科专业结构，增强自身适应四川经济社会发展的能力，培养四川经济社会发展需要的人才；二是要紧密结合四川省经济社会转型需要，加强自身的配套建设，在改革中寻找机遇，在转型中赢得发展，使自身办学真正具有四川特色；三是要根据四川经济结构转型需要，加强四川省属本科院校与对应行业、企事业单位、科研部门的联系，通过创建实践基地、引进兼职教师、开展联合研究和合作培养等工作，努力构建高校于与行业、企业、科研部门联合培养高层次本科人才培养的新机制，不断提升自身服务地方经济社会发展的能力。

（三）抓住机遇，不断改善教育教学条件

在未来一段时期，教育财政投入将会进一步加大，高校财政经费将会进一步增加，高校债务负担也将会采取多种方式得到有效化解，长期以来一直制约四川省属高校发展的办学经费问题将在一定程度上得到缓解。在办学经费增长的同时，四川省属本科院校更应做好规划、做好预算、强化管理、用好经费，切实将增长经费用于教育建设与改革中，增强自身办学综合实力，切实"坚持以教学为中心，把培养人才作为高等学校的第一职责，学校和教师都要把主要精力放在搞好教学和培养好学生上"，努力提升办学水平与教育质量。

在新的发展时期，四川省属高校在办学条件改善上，一是要重点加强办学硬件建设，尤其是实验室条件、图书资料等教学基础设施建设，使自身办学条件符合办学需要、满足提高人才培养质量的需要；二是要积极践行"开门办学"的理念，积极加强校外实践实训基地建设，努力使学生走入一线、接触一线，获得更多的实践经验，提升学生的实践动手能力和适应经济社会发展的能力；三是要重点加强教师队伍建设。"大学之大，不在大楼而在大师"，对于高校而言，高水平的师资队伍更决定着办学质量的高低，是否具有一支师德高尚、业务精湛、结构合理、充满活力的高素质、专业化教师队伍决定着教育事业改革和发展的成败。四川省属本科院校应当将教师队伍建设作为条件建设的"重中之重"，将坚持把师德建设放在队伍建设的首位，继续实施"人才强校"战略，推进人事制度改革，依托重点学科、重点实验室、重大创新项目和教学科研团队，加强高层次人才培养和引进，建立激励机制，培养高校教学名师和学科领军人才，不仅要建好队伍，不断增加队伍的数量、优化队伍的结构、提升队伍的师德水平、提高教师的业务能力，更要用好队伍，切实落实教授给本科生上课的基本制度，切实将教学考核作为教师考核的首要内容，努力发挥教师在教学、学术研究和学校管理中的作用，不断激励教师为学校加快内涵发展，提高教育质量作出更大的贡献。

（四）深化改革，全面提高教育教学水平

高等学校的根本任务是人才培养，核心问题是提升质量。在新的发展时期，国家将继续深入实施"高等学校本科教学质量与教学改革工程"，继续支持高等学校深化本科教育教学改革，将会启动中西部高等教育振兴计划，重点支持地方高校发展。四川省也将实施"高等教育质量提升计划"、"高等学校优势学科与特色专业建设工程"等重大项目，支持高校不断加强内涵建设和发展，全面促进高校在人才培养模式、专业建设、课程建设、实验教学、队伍建设、实践基地建设、学生创新创业能力培养等方面深入改革、巩固优势、彰显特色，提高教育教学质量。

在未来一段时期，四川省属本科院校的本科教育事业将会面临前所未有的发展机遇，但同时高等学校将逐渐步入教育教学改革的深水区，更需要高校对人才培养各个环节的一些基础性问题进行根本性的思考、深刻性的变革，切实将办学思想、办学理念、办学定位融入人才培养的各个环节，努力办出水平、办出特色。

在新的发展时期，四川省属本科院校要赢得更大的发展，就必须付出更大的努力，进行更深刻的变革。在本科教育领域，一是要加强办学思想观念的转变，不断强化学校的办学定位、办学目标，更新教育思想；二是要坚定不移地推进人才培养模式改革，努力构建多层次、多元化的人才培养模式，促进各类人才的不断成长，满足经济社会发展对各类人才的需要，为经济社会发展提供有力的支持；三是要积极加强专业建设，优化专业结构与布局，加强专业建设与经济社会发展的联系，以专业为平台，形成立体式、集成化的专业建设体系，凸显专业的特色和优势，提高专业办学质量；四是要坚持以课程建设为核心，不断深化教学内容、教学方法、教学手段改革，尤其是要利用现代教育技术、依托开放化的网络资源、信息资源，不断提高课程建设水平，提高课程建设质量，夯实学生的基本理论、基本技能和基本能力；五是要不断深化实践教学改革，坚持把学生的创新精神和实践能力培养放在首位，坚持在实践教学领域加大与行业、企事业单位的合作，努力培养"下得去、用得上、干得好、后劲足"的各类人才；六是要加强质量保障体系的建设，努力形成符合自身质量观念、质量目标、质量标准、评价办法和反馈机制，以特色型的质量标准促进学校在符合自身实际的办学层次、

办学类型中寻求更大的发展，实现自身办学水平和教学质量的不断提高。

　　教育要发展，关键靠改革。在所有的改革与建设中，对于四川省省属本科院校而言，提高质量是核心目标，而自 2007 年启动并将在未来一段时期长期实施的"高等学校本科教学质量与教学改革工程"而言，无疑是一个重要的抓手，是一个实现高校发展的重要契机。在建设中，四川地方高校更应立足自身实际，总结"质量工程"的实施与建设经验，查找存在的问题，以实现自身更大的发展。

第二章　四川省省属本科院校质量工程
实施情况的分析

　　质量是高等教育的生命线。为全面贯彻落实科学发展观，切实把高等教育重点放在提高质量上，经报国务院同意，2007 年，教育部、财政部决定实施"高等学校本科教学质量与教学改革工程"，四川省也同步启动了四川省"质量工程"建设工作，促进高等学校不断加强教学改革与建设，提升教学质量与办学水平。四川省省属本科院校结合国家和四川省的部署和要求，深入实施"质量工程"，极大地推进了自身的教学改革与建设，提升了建设水平和质量。

第一节　四川省省属本科院校质量工程实施的总体情况

　　"质量工程"作为提高教育教学质量的重要抓手，自启动实施以来受到了四川省属本科院校的高度重视，各校投入了大量精力开展"质量工程"建设，取得了积极进展。

一、国家级本科教学质量与教学改革工程实施情况分析

　　2007 年，教育部、财政部联合印发《教育部财政部关于实施高等学校本科教学质量与教学改革工程的意见》[1]，启动实施高等学校本科教学质量与教学改革工程，简称"质量工程"，以提高高等学校本科教学质量为目标，以推进改革和实现优质资源共享为手段，按照"分类指导、鼓励特色、重在改革"的原则，加强内涵建设，提升我国高等教育的质量和整体实力。具体从专业结构调整与专业认证，课程、教材建设与资源共享，实践教学与人才培养模式改革创新，教学团队与高水平教师队伍建设，教学评估与教学状态基本数据公布，对口支援西部地区高等学校等六大方面支持高等学校的建设与发展，主要开展以下工作[2]：
　　专业结构调整与专业认证：是指开发专业设置预测系统、制订指导性专业规范、进行专业认证与评估试点、建设高等学校特色专业等。

---

　　① 参见《教育部财政部关于实施高等学校本科教学质量与教学改革工程的意见》，教高〔2007〕1号，教育部财政部 2007 年 1 月 22 日印发.
　　② 参见《高等学校本科教学质量与教学改革工程项目管理暂行办法》，教高〔2007〕14 号，教育部、财政部 2007 年 7 月 13 日印发.

　　课程、教材建设与资源共享：是指建设国家精品课程、审定和支持出版本专科新教材、开发优质教学资源共享系统和数字化改造、建设国家教学考试课程网络考试系统和试题库等。

　　实践教学与人才培养模式改革创新：是指建设人才培养模式创新实验区和实验教学示范中心、开展大学生创新性实验和竞赛活动中，用于设备购置与维修改造，进行人才培养模式改革、开展试验实验、组织竞赛活动等。

　　教学团队与高水平教师队伍建设：是指项目学校用于专业带头人、骨干教师和青年教师培养培训、聘请专家、奖励高等学校教学名师等。

　　教学评估与教学状态基本数据公布：是指研究制定评估质量标准和高校教学基本状态数据库、开展评估技术和方法的研究中，用于设备与软件购置、数据采集、评审验收、成果出版等。

　　对口支援西部地区高等学校：是指在开展高等学校对口支援工作中，受援高校教师和教学管理干部到支援高校进修学习等。

　　高校通过"质量工程"建设开展项目立项与建设工作，具体立项建设项目包括[①]：

　　国家人才培养模式创新实验区：面向本科院校，旨在鼓励和支持高等学校进行人才培养模式方面的综合改革，在教学理念、管理机制等方面进行创新，努力形成有利于多样化创新人才成长的培养体系，满足国家对社会紧缺的复合型拔尖创新人才和应用人才的需要。本项目重点支持高校在教学内容、课程体系、实践环节、教学运行和管理机制、教学组织形式等多方面进行人才培养模式的综合改革，形成一批创新人才培养基地。到"质量工程"建设一期结束时，全国共立项建设 3 批 501 个国家人才培养模式创新实验区。

　　国家特色专业建设点：面向本科院校，主要依据国家需要，在优先发展、紧缺专门人才和艰苦行业中，选择相关若干专业领域的专业点进行重点建设，推进高校专业建设与人才培养紧密结合国家经济社会发展需要，形成一批急需和紧缺人才培养基地，为同类型高校相关专业建设和改革起到示范和带动作用。到"质量工程"建设一期结束时，全国共分两个类别立项建设七批 3471 个国家特色专业建设点。

　　国家级实验教学示范中心：面向本科院校，主要是树立以学生为本，知识传授、能力培养、素质提高协调发展的教育理念和以能力培养为核心的实验教学观念，建立有利于培养学生实践能力和创新能力的实验教学体系，建设满足现代实验教学需要的高素质实验教学队伍，建设仪器设备先进、资源共享、开放服务的实验教学环境，建立现代化的高效运行的管理机制，全面提高实验教学水平，为高等学校实验教学提供示范经验，带动高等学校实验室的建设和发展。该项目采取学校自行建设、自主申请，省级教育行政部门选优推荐，教育部组织专家评审

---

　　① 本部分数据根据相关立项文件整理，具体参见教育部网站（http：/www. moe. edu. cn）中"高等教育司"的"质量工程"栏目。

的方式产生。到"质量工程"建设一期结束时，全国共分四批立项建设 501 个国家实验教学示范中心。

国家大学生创新性实验计划：面向本科院校，旨在探索并建立以问题和课题为核心的教学模式，倡导以本科学生为主体的创新性实验改革，调动学生的主动性、积极性和创造性，激发学生的创新思维和创新意识，逐渐掌握思考问题、解决问题的方法、提高其创新实践的能力。通过开展实施计划，带动广大的学生在本科阶段得到科学研究与发明创造的训练，改变目前高等教育培养过程中实践教学环节薄弱，动手能力不强的现状，改变灌输式的教学方法，推广研究性学习和个性化培养的教学方式，形成创新教育的氛围，建设创新文化，进一步推动高等教育教学改革，提高教学质量。到"质量工程"建设一期结束时，全国共分两批批准 120 所学校实施国家大学生创新性实验计划。

国家级教学团队：面向所有院校，旨在通过建立团队合作的机制，改革教学内容和方法，开发教学资源，促进教学研讨和教学经验交流，推进教学工作的传、帮、带和老中青相结合，提高教师的教学水平。到"质量工程"建设一期结束时，全国共分四批立项建设 1013 个国家级教学团队。

国家教学名师：面向所有院校，大力表彰在教学和人才培养领域作出突出贡献的教师。到"质量工程"建设一期结束时，全国共分五届表彰 500 位高校教师。

国家精品课程：面向所有院校，精品课程是具有一流教师队伍、一流教学内容、一流教学方法、一流教材、一流教学管理等特点的示范性课程。以培养满足国家和地方发展需要的高素质人才为目标，以提高学生国际竞争能力为重点，整合各类教学改革成果，加大教学过程中使用信息技术的力度，加强科研与教学的紧密结合，大力提倡和促进学生主动、自主学习，改革阻碍提高人才培养质量的不合理机制与制度，促进高等学校对教学工作的投入，建立各门类、专业的校、省、国家三级精品课程体系。自 2003 年启动，到"质量工程"建设一期结束时，全国共分 8 批立项建设 3894 门国家精品课程。

国家双语教学示范课程：面向本科院校，开展包括双语师资的培训与培养、聘请国外教师、专家来华讲学、先进双语教材的引进与建设、双语教学方法的改革与实践、优秀双语教学课件的制作、双语教学经验的总结等工作，并积极利用现代教育技术手段，共享相关教学资源，以发挥示范辐射作用。通过双语教学示范课程的建设，旨在形成与国际先进教学理念与教学方法接轨的、符合中国实际的、具有一定示范性和借鉴意义的双语课程教学模式，为培养学生的国际竞争意识和能力发挥重要作用。到"质量工程"建设一期结束时，全国共分四批批准立项建设 503 门国家双语教学示范课程。

二、四川省本科教学质量与教学改革工程实施情况分析

在教育部、财政部启动"质量工程"建设后，四川省启动了省级质量工程项

目建设，先后开展了省级精品课程、省级特色专业、省级人才培养模式创新实验区、省级教学团队、省级教学名师、省级实验教学示范中心等项目的立项建设工作，促进四川省高校深化教育教学改革。

（一）积极动员，大力强化质量建设意识

教育部、财政部"质量工程"启动以后，四川省明确提出将开展省级"质量工程"配套项目建设，与实施国家"质量工程"相结合，迅速启动了"质量工程"建设的宣传、动员与学习工作，组织、指导和推动全省本科高校深入学习研讨《教育部财政部关于实施高等学校本科教学质量与教学改革工程的意见》（教高〔2007〕1号）、《教育部关于进一步深化本科教学改革全面提高教学质量的若干意见》（教高〔2007〕2号)等文件精神；各高校广泛开展以"建立持续提高人才培养质量的长效机制"为主题的教育思想大讨论，进一步凝聚人心，统一思想。不少学校通过教师大会、学生大会、校园网、校刊专题等多种形式，广泛宣传实施"质量工程"的重大意义。通过学习研讨，高校各级领导和广大教职工进一步提高了质量意识，逐步树立了发展的质量观、多样化的质量观、辩证的质量观和整体的质量观。

2007年8月，四川省教育厅组织召开了2007年本科院校教学工作会议，以推进"质量工程"、深化教学改革、提高教育质量为主题，贯彻落实教育部有关文件精神，切实加强高校教学工作的宏观指导，促进学校之间的工作交流与协作。时任教育部高等教育司副司长的杨志坚同志和四川省省委教育工委书记、省教育厅厅长涂文涛同志出席会议并作了重要讲话。这次会议的召开，使全省高校进一步理清思路、明确方向，全力以赴推进"质量工程"的各项建设工作。

2008年、2009年，四川省连续召开本科院校教学工作会议，会议主题分别为"深入推进四川省高等教育'质量工程'建设，总结首轮本科教学水平评估工作，切实加强本科教学工作，进一步提高四川省高等教育教学质量"和"加强四川省本科高校教学工作的宏观指导，深入推进高等教育'质量工程'建设，促进各高校间的工作交流与协作"。通过全省的行动，四川省不断加强对"质量工程"的认识和理解，进一步加强区域内院校教学改革的经验总结与交流。

（二）深入研究，制定质量工程实施意见

2007年3月中旬，四川省教育厅组织部分高校领导、专家召开了"质量工程"专题研讨会，深入学习1号、2号文件，研究贯彻落实文件的思路和方案，提出了"抓两头，带中间"的工作思路，即：作为省级"质量工程"，一方面着重抓好一批高水平的标志性成果，另一方面抓好新建院校、新建专业的质量管理和教学规范，以此带动全省高等教育整体健康协调发展。4—5月，省教育厅对部分高校的教学工作进行了调研，通过召开教师座谈会、教学管理人员座谈会和参加学校教学工作研讨会等多种形式，深入了解学校实际情况。在充分调研和征求意见的基础上，四川省教育厅拟定并印发了《四川省高等教育教学改革与质量工程实施意见》。

在《四川省高等教育教学改革与质量工程实施意见》中，四川省明确提出在省级"质量工程"建设中要突出全局性（即实施"质量工程"以具有基础性、全局性、引导性的建设项目为突破口，引领全省本科教学改革的方向，把握提高教学质量的重点、切入点和关键点，充分调动全省高校深化教学改革、提高教学质量的积极性和主动性）、突出示范性（即充分发挥国家级、省级建设项目的示范性带动作用，全面推动教学改革，扩大受益面。防止重申报、轻建设、轻应用等不重实效的现象。分级建设，分类指导，强化特色）、突出创新性（即"质量工程"建设项目要立足现实需要，重点选择和扶持符合四川实际的创新项目，鼓励支持各学校具有创新意义的建设项目。创新项目建设机制，促进优质资源共建共享）、突出适应性（即立足省情，着眼实际，以不同类型院校各自的优势特色为基础，以四川经济社会发展需求为导向，将建设重点投向密切联系、主动适应四川经济结构调整和支柱产业发展的领域）。《意见》同时提出，在专业建设、课程建设、实践基地与实验室建设、人才培养模式创新与大学生自主创新培养、教学名师和教学团队建设等方面进行配套项目建设。

（三）完善制度，强化质量工程项目管理

一是根据教育部相关文件精神，积极做好各项目的配套制度建设工作。尤其是在教育部项目评选指标体系的基础上，加强了评审指标的研制工作。一方面为了做好与教育部"质量工程"的衔接，四川省在精品课程、实验教学示范中心、教学名师等项目的评审上严格执行教育部相关评审标准，另一方面对于教育部"质量工程"建设中评审指标不甚明确的项目，如国家特色专业、教学团队等，四川省专门制定了《四川省高等学校特色专业评审标准》和《四川省高校教学团队评审标准》，完善了"质量工程"评审体系。

二是参照教育部相关项目评选办法，制定了符合四川省实际的人才培养模式创新实验区、特色专业、精品课程、实验教学示范中心、教学团队、教学名师等项目评选办法。

三是积极探索"质量工程"项目监控制度建设。根据《四川省实施高等学校本科教学质量与教学改革工程的意见》提出的建设"教学质量监控和评价机制"的要求，积极完善了以分类指导为原则、以建立长效机制为目标的质量评价监控体系。

四是加强组织管理，注重建设成效。为了克服重申报、轻建设、轻应用的不良倾向，省教育厅通过建立"质量工程"建设项目的检查和信息反馈制度，建立项目退出机制，引导和促使高校加强后续建设，把项目成果真正落实到提高人才培养质量上。

（四）规范过程，做好质量工程评选与建设

为保障省级"质量工程"项目评选的公正、公平与公开，四川省严格规范评审程序。一是严把推荐"资格关"。所有推荐参加评选省级"质量工程"项目，必须是经过一定建设周期并具有突出成效的校级"质量工程"项目；二是严把评审"过程关"。在推荐评审过程，实行专家保密制度、严格回避制度、集中评审制度等，确保评审的公平与公正；三是严把结果"舆论关"。所有拟立项项目，教育厅均采取多种方式，面向社会公示、征求意见，确保评审结果的公开。在整个省级"质量工程"项目中，四川省努力做到面向一线、突出实效、狠抓执行，成效明显。

1. 开展人才培养模式实验区建设，推进高校培养模式改革

人才培养模式是学校人才培养的顶层设计。在"质量工程"项目建设中，为进一步引导高校结合区域经济社会文化发展需要，改革人才培养模式，培养符合区域经济社会发展的新型人才，四川省在省属院校中开展了省级人才培养模式创新实验区建设工作，2008、2009、2010 年已立项两批共 43 个省级实验区开展建设工作。

2. 开展省级特色专业评选，推进高校开展专业建设

我校特色专业建设工作于 2006 年启动，原为省级品牌专业建设，在国家特色专业建设点启动以后，四川省迅速与之整合，开展省级特色专业专项建设。按照"设置合理、优势突出、特色鲜明、质量保证、适应需求、社会欢迎"的原则，大力培育优势明显、特色鲜明的本科特色专业。为了保证省级特色专业的层次性和不同面向，同时也避免省级特色专业的重复建设，四川省在省级特色专业建设中明确规定若同一专业立项为省级特色专业数已经超过 4 个，不再重复立项。经过严格评选，2006-2010 年，四川省共立项资助省级特色专业 356 个，其中 152 个专业成为国家特色专业建设点。

同时，以省级特色专业建设为引领，四川省坚持以"优势突出、特色鲜明、新兴交叉、社会急需"为原则，带动各个专业建设。各高校以提高质量为核心，更加注重专业内涵建设，加大专业结构的调整力度，使专业设置和专业建设更加符合学校的办学定位、办学优势和办学特色，更加适应经济社会发展的需要。

3. 开展省级精品课程评选，推进高校教学内容与课程体系改革

在 2003 年教育部启动国家精品课程建设之初，四川省就建立了相应的省级精品课程评审体系，参照教育部评审程序、办法和指标体系，开展省级精品课程评选。在省级精品课程评选中，四川省高度重视不同学科的布局，严格规定同一课程若立项门数较多则不再进行重复立项建设，较好地指导了精品课程建设，尤其是加强了紧缺薄弱课程的建设工作。

2003-2010 年，四川省共立项省级精品课程 1396 门(含高职)，涵盖了所举办专业的主要领域，有力地推动了各校课程体系的更新、教学内容的完善和教学

方法与手段的改革，提高了课程建设实效，其中 168 门课程入选国家精品课程。

同时，四川省在建设过程中，尤其重视精品课程的资源运用，各高校的精品课程网页进一步完善，网上教学资源不断更新，精品课程的教学大纲、教案、习题、实验指导、网络课件、授课录像等均上网开放。精品课程评审程序也得到进一步完善。在省级精品课程评审过程中，省教育厅要求学校组织相关教师观摩评审，并参与评审讨论，将评审的过程作为校际精品课程推广交流、学习借鉴的过程，起到了开阔视野、更新理念、相互启迪、相互促进的作用，达到互助共享的建设效果。在精品课程建设的推动下，目前，全省高校的网上教学课程达到 5000 余门。

4. 开展实验教学示范中心评选，推进高校实践教学改革

实践能力培养是当前高等教育改革的重点，也是改革的难点。四川省近年来一直倡导各校以实践教学改革为突破口，不断深化教学改革，开展教学创新，成效明显。

在实验教学评选立项的过程中，四川省尤其重视实验条件、实验项目和实验效果，采取了专家通讯评审和现场评估相结合的方式，并从严控制建设数量，原则上同一中心在省内只立项一个项目，重点建设、重点扶持，使其成为名副其实的教学示范中心。四川省共立项省级实验教学示范中心 108 个，其中 24 个入选国家实验教学示范中心。

5. 开展教学名师建设，促进高水平教师队伍成长

为了进一步营造教书育人的良好风气，促进教授上讲台，四川省配合教育部"教学名师奖"工作开展了教学名师评选活动，不断提高教师队伍整体素质。四川省在省级教学名师推荐过程中，严格按照教育部评审标准，做好推荐工作。在整个过程中，尤其重视向长期从事本科教学的一线教师倾斜，严格控制校级领导干部参加教学名师评选，在普通教师中产生了良好的反响和导向作用。到目前为止，四川省已表彰省级教学名师 196 名，其中，27 名教师获得国家教学名师奖表彰。

6. 开展教学团队建设，推动教师合作机制形成

为努力加强教学团队建设，建立有效的团队合作机制，促进教师队伍中"以老带新、以新促老"，配合国家教学团队评选，四川省开展了省级教学团队建设工作，根据建设要求和四川省实际，制定了适宜本省的团队建设标准，引导高校加强教学团队建设，对团队结构、团队带头人、团队教学情况、团队科研情况、团队特色、团队建设机制等进行了细致的规定，有效推进了高水平团队的建设。到 2010 年为止，四川省高校共立项建设省级教学团队 232 个，其中 51 个入选了国家教学团队，形成了高水平的教学群体，在师资队伍建设中发挥了良好的团队效应。

7. 积极组织大学生竞赛活动，全面推进大学生创新精神培养

为了不断促进高校加强学生创新精神和实践能力培养，四川省积极组织全国

大学生数学建模竞赛、电子设计竞赛、机械创新大赛、英语竞赛等重大比赛，结合赛区工作做好省级赛事与评选，并以此推动学生实践创新能力和创新精神培养。在近三年举办的各项大学生竞赛活动中，四川赛区均取得不俗成绩，成绩位居全国前茅，如 2007 年全国大学生电子设计竞赛和数学建模竞赛中，四川赛区成绩优秀，获一等奖队数分别位居全国第二和第四；机械创新大赛居全国第五位；2009 年电子科技大学还获得了全国大学生电子设计竞赛唯一的 NEC 杯。

（五）强化协作，促进"质量工程"经验交流

"质量工程"建设中如何推进教学改革、加强项目建设是一个十分重要的内容。为了推进"质量工程"建设，四川省采取多种措施，促进各高校之间的交流，推进全省高校"质量工程"建设工作。一是每年均编辑出版《四川省高等教育质量年度报告》，深刻分析全省高校质量改革的形势、成效和经验，全面收录各高校一年来质量建设的主要做法、主要成效和主要经验；二是每年定期召开全省高校本科教学工作会、教务处长工作研讨会，不定期举办高校教学管理论坛等活动。确定会议主题、细化会议专题，邀请某一方面成效突出的院校深入介绍经验。近三年本科教学工作会的会议主题分别为"推进'质量工程'、深化教学改革、提高教育质量"（2007）、"深入推进四川省高等教育'质量工程'建设，总结首轮本科教学水平评估工作，切实加强本科教学工作，进一步提高四川省高等教育教学质量"（2008）和"加强四川省本科高校教学工作的宏观指导，深入推进高等教育'质量工程'建设，促进各高校间的工作交流与协作"（2009）；三是定期组织人员对相关情况进行深入、系统研究，对相关资料进行收集、整理和分析，每月编辑印发一期《四川高教信息》，及时通报各高校"质量工程"项目建设情况，交流建设经验，促进全省高校教学质量的共同提高。

（六）加强管理，推进"质量工程"持续建设

为保障"质量工程"的建设质量，在推进国家"质量工程"建设的过程中，四川省积极构建质量保障体系，一是推动建立教学质量的"一把手"考核制度。确定高等学校党政"一把手"是教学工作的第一责任人，把教学质量作为考核学校党政一把手和领导班子的重要指标，确立落实教学工作的中心地位、教学质量的首要地位和教学投入的优先地位；二是积极推进高等学校、院（系）两级教学质量评价和监控体系建设，通过学生评教、专家评估、同行评价等手段，建立各学校的自评估体系，使高校教学质量检查制度化、常态化；三是组建省级本科教学质量督查指导委员会，加强对高校本科教育教学改革和教学管理、教学活动的分类指导。建设省级督导专家队伍，探索科学高效的督导工作办法和途径，与国家评估和校内督导相结合，形成和完善高校教学质量的外部评价与督导机制；四是建立"质量工程"建设情况通报制度，促进各院校加强、加快质量建设，形成了相互协作、竞相发展的良好局面，有效推进了质量工程的深入实施，并有效保

障了建设质量；五是加强对"质量工程"建设成效的应用，体现"优质优教"原则，在每年招生计划下达中，依照"质量工程"建设情况对各校招生计划进行调控，有力地提升了各校加强"质量工程"建设的积极性；六是在"质量工程"相关项目的管理上，采取项目负责人制的目标管理方式，对相关项目建设进行动态管理，实施强有力的过程监控，定期进行检查和项目验收。通过评审和检查，促进高校在教学条件建设中，科学规划、优先考虑、重点倾斜，从实践条件、设备购买、基地建设等诸多方面优先保证"质量工程"相关建设项目的硬件建设，促进建设项目改革的不断深化，保证建设目标的顺利实现。

（七）加大投入，保障"质量工程"有效实施

为了推进四川省各高校开展省级"质量工程"建设，近年来，四川省在财力有限的情况下不断加大省级"质量工程"投入，省教育厅将高校教学工作专项经费全部用于"质量工程"的项目建设，并要求各高校对立项建设的省级"质量工程"项目要给予不低于1：1的配套经费支持，各高校也设立专项建设经费，为"质量工程"建设提供了较好的经费支持，较好地保障了省级"质量工程"项目的深入实施。

三、四川省省属本科院校质量工程实施情况分析

四川省省属本科院校在国家、省级"质量工程"项目建设的推动下，积极开"质量工程"建设，构架起了校级"质量工程"体系，形成了国家、省、校三级"质量工程"体系，通过不断加大投入、深化改革、加强建设、提升质量，取得了积极进步。在国家、省级"质量工程"立项建设上取得了显著成绩。四川省属本科院校共获得国家级"质量工程"项目142项，省级"质量工程"项目1127项，具体情况如下表：

表 2-1　四川省省属本科院校国家级质量工程项目立项情况一览表

项目 学校名称	特色专业	精品课程	教学名师	实验教学 示范中心	教学团队	人才培养 模式创新 实验区	双语教学 示范课程	大学生创 新性实验 计划
四川农业大学	10	6	1	1	3	1		1
四川师范大学	12	3		1	1	1	2	
成都中医药大学	6	5	1	1	3	1		
成都理工大学	8	2		1	2			
西南石油大学	8	1		1	2			
西南科技大学	6	1		1	1			
成都信息工程学院	7	1			1			
西华师范大学	7	1						
成都体育学院	4	1						

续表

学校名称 ＼ 项目	特色专业	精品课程	教学名师	实验教学示范中心	教学团队	人才培养模式创新实验区	双语教学示范课程	大学生创新性实验计划
西华大学	4							
四川警察学院		2			1	1		
四川理工学院	4							
泸州医学院	3							
四川音乐学院	2							
成都学院	2							
攀枝花学院	1							
川北医学院	1							
西昌学院	1							
合计	86	25	3	7	15	3	2	1

表 2-2　四川省省属本科院校省级质量工程项目立项情况一览表

学校名称 ＼ 项目	特色专业	精品课程	教学名师	实验教学示范中心	教学团队	人才培养模式创新实验区
四川师范大学	20	58	8	3	7	3
四川农业大学	20	40	12	6	9	2
成都理工大学	20	36	7	6	7	2
西华师范大学	16	41	5	3	7	2
西南石油大学	16	35	6	4	7	2
西南科技大学	15	36	5	6	6	1
西华大学	14	29	4	6	6	1
成都中医药大学	7	31	7	4	6	3
成都信息工程学院	12	26	4	4	5	2
成都体育学院	7	23	4	2	4	2
四川理工学院	9	22	2	2	4	1
乐山师范学院	7	22	3	1	2	2
泸州医学院	6	17	4	2	4	2
绵阳师范学院	7	18	2	1	3	2
成都学院	5	17	2	2	4	2
西昌学院	6	16	2	2	4	2
内江师范学院	5	19	1	1	3	1
宜宾学院	6	18	1	1	2	1
四川音乐学院	6	11	2	1	5	1

项目 学校名称	特色专业	精品课程	教学名师	实验教学 示范中心	教学团队	人才培养 模式创新 实验区
攀枝花学院	7	9	1	2	1	1
川北医学院	4	10	1	1	4	1
四川警察学院	2	9	1	1	3	1
成都医学院	3	7	3	2	1	
四川民族学院	1	2			1	1
成都理工大学广播影视学院	1	7		1		
电子科技大学成都学院	1	9		1		
四川师范大学文理学院	2	3	1	1	2	
四川文理学院	1	7			1	
成都理工大学工程技术学院	1	3				
四川师范大学成都学院		1				
西南财经大学天府学院		2		1	1	
四川大学锦城学院		2				1
成都信息工程学院银杏酒店 管理学院		2				1
四川大学锦江学院		1				1
四川外语学院成都学院		1				
西南科技大学城市学院		1				
合计	227	590	89	68	110	43

注：四川民族学院仅统计了2010年升本后数据。

从立项情况来看，四川省属高校在"质量工程"建设中取得了较为显著的建设成效，体现出如下特点：

第一，四川省属本科院校在人才培养模式、特色专业、精品课程、双语教学示范课程、实验教学示范中心、教学团队、教学名师等领域积极开展教育教学改革和建设工作，部分院校的部分项目已经达到了较高的建设水平，有力地带动了相关院校教育教学改革质量的提升。

第二，四川省省属本科院校虽然整体上在"质量工程"建设上取得了积极进展，但是院校分布尚不均衡，办学历史悠久、办学特色鲜明、办学优势突出的高校在"质量工程"建设上取得的成绩更为明显；新建本科院校在"质量工程"建设上虽然相对数量比较少，但是已经形成了良好的导向，尤其是一些独立学院已经进入"质量工程"建设序列，为后续发展奠定了一定的基础。

第三，四川省省级"质量工程"项目的开展为四川省属本科院校的教学改革与建设提供了较好的平台和条件。在国家"质量工程"建设中，四川省有部分院校的部分项目进入了建设序列，但是相对于拥有 43 所地方本科院校的四川而言，建设数量仍然显得较少。而与国家"质量工程"项目相结合，四川省省级"质量工程"的实施则为相关院校改革创造了较好的条件，尤其是对一些新建本科院校相应领域的改革提供了较高的平台。

第四，通过"质量工程"建设，涌现出了一大批教学专家和教学名师，一大批教授、副教授在本科教育教学工作中取得了显著成绩，并得到了相应的支持和鼓励，形成了重视本科教学、投入本科教学、强化本科教学的良好机制和不断提升本科教育教学质量的良好氛围，为本科教育进一步加强改革和建设创造了条件。

第二节　四川省省属本科院校质量工程的思考与建议

截至 2009 年，四川省共立项建设国家级"质量工程"项目 373 项，其中，国家特色专业 113 个，国家精品课程 143 门，国家教学名师 27 名，国家教学团队 36 个，国家实验教学示范中心 24 个，国家人才培养模式创新实验区 13 个，国家双语教学示范课程 12 门，国家大学生创新性实验计划项目学校 5 个。"质量工程"的实施，为有力引导和促使高校以人才培养为中心，切实把工作重点放在内涵建设上取得了明显的成效。

一、四川省省属本科院校实施"质量工程"的基本成效

（一）"质量工程"的实施促进四川省属本科院校更新了教育观念，强化了质量意识

通过"质量工程"项目建设和实施，四川省高等学校质量意识普遍增强，主要表现在：一是重视程度普遍提高。各高校普遍建立了党政一把手负责、全校各相关部门通力配合的"质量工程"工作组织，有效保障了质量工程建设的稳步推进；二是树立了高标准的质量意识。通过国家级"质量工程"项目评审建设的引领和带动，各高校普遍树立了精品意识、示范意识、创新意识，更加突出基础性、全局性和创新性，绝大部分院校以提高教学质量为核心，以创新人才培养为重点，以质量监控为保障，以教学信息化平台为手段，全面实施专业建设、课程建设、实践教学建设、教学队伍建设、教材建设、教风学风建设等六项基础工程；三是普遍强化了特色意识。各高校在国家级"质量工程"的建设中，更加重视自身优势与特色，紧紧围绕特色优势领域开展系列建设，成效明显，如四川师范大学在国家级"质量工程"建设过程中，紧扣教师教育特色和优势，共有 17 个教师教育项目分别入选国家级人才培养模式创新实验区、实验示范中心、特色专业、精品课程、双语教学示范课程、教学团队等，形成了教师教育的优质集成平台，促进了教师教育特色和优势的巩固与提升；四是增强了科学发展的意识。

与学习实践科学发展观结合，各高校在实施国家级"质量工程"项目的过程中，更加注重全面、协调、可持续发展，更加注重项目建设的基础性、优质性、示范性，为申报而建设的"功利意识"得到有效缓解。

（二）"质量工程"的实施使本科教学中心地位得以巩固，建设机制得以确立

在推进"质量工程"建设中，四川省采取多种措施不断强化教学中心地位，成效明显。一是明确建立教学质量的"一把手"考核制度，进一步确定了高等学校党政"一把手"是教学工作的第一责任人，"质量工程"是"一把手"工程，把教学质量作为考核学校党政一把手和领导班子的重要指标；二是强化"质量工程"的导向作用，将建设成效与学校招生计划下达相结合，强化"优质优教"的导向，有力提升了高校的建设积极性。同时，在新一轮人事制度改革中，将"质量工程"作为教师评聘考核、定编定岗的重要指标，使教学中心地位在各高校得到进一步巩固和确立；三是积极探索高等教育质量保障的长效机制，初步形成了规范高效的教学管理体系、专业结构优化调整的适应机制、教学质量的保障和评价机制和项目建设的优胜劣汰机制，较好地保障了质量建设的深入推进。

（三）"质量工程"的实施使教学投入得以增加，教学条件得到改善

"质量工程"推动了各级政府、主管部门、学校、教师对教学工作的重视和投入。尽管四川省财政能力和经费投入有限，在国家"质量工程"建设中，无法像其他发达省份一样，投入大笔配套资金，但四川省立足省情，一方面尽最大可能对国家"质量工程"项目进行配套支持；另一方面，通过强化服务、加强指导、严格管理，实施一系列政策导向，鼓励学校向教师、学生加大投入。通过项目引领和推动，教学投入明显增加，教学条件得到较大改善。主要表现在：一是省教育厅对获得国家"质量工程"建设项目按照省级资助经费标准的2—3倍进行配套支持；二是四川省省属本科院校均建立了相应的配套支持制度，配套标准均不低于1∶1；三是四川省省属本科院校在建设过程中，努力与推进"质量工程"相结合，不断改善办学条件尤其是实践教学条件，成效十分明显，如成都理工大学仅2007年就投入4300余万元，改善实验办学条件；四是各高校在定编定岗、评优考核中，均突出了"质量工程"的考核，同时更加注重考察教师日常教学情况，有力地促进了教师对教学工作的投入。

（四）"质量工程"建设把握建设重点难点，示范效益得以彰显

"质量工程"以具有基础性、全局性、引导性的建设项目为突破口，引领本科教育教学改革的方向，把握提高教学质量的重点、难点和关键点，充分调动高校深化教学改革、提高教学质量的积极性和主动性。四川省在实施"质量工程"

的过程中，突出项目建设的示范性、创新性和适应性：一是强调充分发挥国家级建设项目的示范带动作用，全面推动教学改革，扩大受益面，防止重申报、轻建设、轻应用等不重实效的现象；二是强调"质量工程"建设项目要立足现实需要，体现创新性要求，重点选择和扶持符合四川实际的创新项目，创新项目建设机制，促进优质资源共建共享；三是强调立足省情，着眼实际，以不同类型院校各自的优势特色为基础，以四川经济社会发展需求为导向，将建设重点投向密切联系、主动适应四川经济结构调整和支柱产业发展的领域。

（五）"质量工程"的实施丰富了改革经验，锻炼了师资队伍

在实施"质量工程"过程中，通过项目带动和引领，锻炼了师资队伍，丰富了教师、教学管理人员的教学改革经验，为进一步深化教育教学改革储备了丰富的人力资源。

一是通过教学名师和教学团队的建设，吸引、遴选、培养、支持了一大批高水平教育教学专家。通过"质量工程"建设，一大批长江学者、国家教学名师、国务院政府津贴获得者、四川省学术与技术带头人、四川省有突出贡献专家、四川省教学名师等高水平专家积极投身教学，坚持主讲本科课程，产生了良好的示范效应。

二是通过"质量工程"项目的带动，高水平专家和中青年教师组成了结构优化的教学团队，形成了"以老带新、以新促老"的良好局面，一大批中青年教师在国家"质量工程"建设中得到了极大的锻炼，迅速成长为教育教学骨干，成为新时期教育教学改革的中坚力量。

三是建立和锻炼了一支专家队伍。为了保障"质量工程"项目，四川省依托省内高水平专家建立了一支动态管理的专家队伍，通过项目的评审、实施、研讨、交流，专家们得到了极大的锻炼，成为四川省高等教育政策研究与咨询的重要支持力量。

四是锻炼了一支高素质的教学管理队伍。四川省在"质量工程"建设过程中，建立了信息联络人制度。各高校教务处负责人作为高校"质量工程"信息联络人和具体组织者，保证了相关政策信息、建设要求的及时传递和传达，确保了质量工程建设相关工作按时保质地完成；同时，省教育厅组织开展了多种形式的专题讨论与经验交流，推动全省高校教学管理队伍深入思考和探讨"为什么进行质量工程建设""如何进行质量工程建设""如何保证质量工程建设取得实效"等根本问题，提升了教学管理队伍的理论水平与管理水平，为"质量工程"的深入实施提供了重要的人力保障。

（六）"质量工程"的实施促进了教学质量稳步提升

截至 2009 年，四川省共立项建设国家级"质量工程"项目 373 项，涵盖了建设项目的全部领域，多个项目建设数量在全国省份中名列前茅。31 所本科院

校中，23所院校均有在建国家级"质量工程"项目（无在建项目院校均为新建本科院校），极大地推动了高校的内涵建设和教学质量的稳步提高。

一是以培养模式改革为引领，着力培养高素质创新人才。如四川师范大学开展了首批国家级人才培养模式创新实验区——"西部地区跨学科复合型师资培养综合改革实验区"的建设工作，针对城市示范学校和农村、民族地区学校不同的教师需求，明确了为西部地区培养两类师资的目标定位，确立了"坚持一个面向、满足二类需求、依托三种途径、培养四项素质"的西部地区高素质复合型师资培养模式，拉动了该校18个师范类专业的培养改革，并在四川省师范类院校中起到了良好的示范辐射作用。

二是以特色专业为引领，不断优化专业机构，努力适应地方经济社会发展需要。如成都信息工程学院、成都学院适应成都市建设软件服务外包基地的需要，优化培养体系，强化服务导向，其建设的"计算机科学与技术"分别入选第五批国家级特色专业建设点。成都中医药大学坚持以中医传承为己任，不断强化专业建设，5个中医类相关专业先后入选国家特色专业建设点。四川师范大学坚持以服务地方基础教育发展为己任，不断凸显专业特色，汉语言文学等10个师范专业先后入选国家特色专业建设点。

三是以国家精品课程和国家双语教学示范课程为引领，扩大优质教学资源，推动课程体系、教学内容、教学方法与教学手段的改革。如西南科技大学实施了精品课程培育计划，通过加强基础课程建设、构建模块化课程群、重组并强化实践教学环节，进一步整合优化了课程体系，努力实现课程建设品牌化、创新教育特色化和教学手段现代化，建设了国家精品课程3门。四川师范大学立足自身实际，在相关专业推进双语教学课程建设，连续两年入选国家双语教学示范课程，成效十分明显。同时，该校在部分课程试点开展区域合作，加强示范引领，如该校建设的国家精品课程《语文课程与教学论》，已联合了西南14所高校开展新一轮建设工作，起到了较好的辐射作用。

四是完善相关制度，充分发挥教学名师、教学团队的示范引领作用。各高校高度重视师资队伍建设，进一步明确了教学名师、教学团队在课堂教学、课程建设、教材建设、青年教师培训等方面应承担的责任和义务。通过教学团队建设，整合教学名师、学科带头人、精品课程负责人、中青年骨干教师等教学力量，努力建设创新意识强、教学水平高、协作精神好的高水平教师队伍。如四川农业大学的国家"百千万"人才一二层次人选、四川省学术带头人陈代文教授长期坚持教书育人，培养青年教师，被评为国家教学名师后，继续带领教学团队，开拓创新，协作奋进，其领衔的"动物营养与饲料科学教学团队"于2007年被评为首批国家级教学团队。

五是推进实践教学改革，着力培养学生创新精神和实践能力。如四川警察学院不断加强实践教学训练，改善条件、创新体系，建立了"警务实验教学中心"，取得了明显的建设成效，被批准为国家实验教学示范中心。四川师范大学结合学校专业特点和人才培养定位，加强校内实训中心和校外实习实训基地建设，其所建设的国家级实验教学示范中心"四川师范大学师范生教学能力综合训练中心"，在全省师范类院校中起到了很好的示范辐射作用。成都理工大学结合地质工程类人才实践能力培养要求，着力更新实践教学体系、完善实践教学条件，成效十分明显，其建设的"地质工程实验教学中心"被批准为国家实验教学示范中心。

（七）四川省"质量工程"的实施强化了省级统筹，促进了全面发展

在"质量工程"建设的过程中，四川省本着"择优扶强、适当兼顾"的原则，在加强创新性、示范性建设的同时，不断凸显全局性和适宜性，在保证质量的前提下，对新建本科院校和二、三线城市的学校在"质量工程"建设中给予适当的扶持和指导，在这些院校中产生了广泛的影响，极大地促进了这些院校"质量工程"的建设和教学改革的深化，使其尽快将本专科教学的重点转移到质量建设上去，收到了明显的成效。

二、四川省省属本科院校实施"质量工程"的主要经验

（一）提高认识、转变观念是实施"质量工程"的首要条件

提高教育教学质量，实现高等教育重心的转移，反映了高等教育自身发展规律的实际需要，反映了办好让人民满意的高等教育、提高学生就业和创业能力的实际需要，反映了建设创新型国家、构建社会主义和谐社会的实际需要。四川省积极开展教育思想大讨论，推动各高校围绕"深化改革，提高质量"，进一步更新观念，提高认识，明确定位；强调各校要聚全校之心，举全校之力认真思考、谋划，努力探索出一条符合高等教育规律，具有本校特色的人才培养新路；要求学校的党政一把手作为教育教学质量的第一责任人，把全面提高教育教学质量作为学校一切工作的重中之重；各校主管校长要全面负责"质量工程"各项建设的落实和推进工作，建立完善"质量工程"的相关管理制度和管理办法，层层落实工作任务和职责，增强质量观念，强化责任意识。通过一系列举措，促进学校扎扎实实推进各项建设，使"质量工程"真正成为转变教育思想观念、增强质量意识的实践工程，成为推进高校教学改革的带动工程，成为培养高素质、创新型人才的旗帜工程。

四川省省属本科院校在实施"质量工程"过程中，深入学习党和国家的教育方针政策，深入研究自身办学实际，开展教育思想观念大讨论，强化了办学的认识，初步实现了高等教育发展由"规模扩张"向"内涵提升"的战略转变，为进一步提升本科教育质量奠定了基础。

（二）加强指导、强化服务是国家"质量工程"的重要基础

在"质量工程"项目建设过程中，四川省坚持加强指导、强化服务，针对改

革中的重点、难点问题，组织高校研讨、座谈，为学校提供政策上的倾斜和帮助。如在双语教学改革上，四川省根据省情实际和学校需求，较早在部分院校中开展"双语教学实验班"的试点工作，极大地推动了学校双语教学的开展，在双语教学示范课程建设上取得了较好的建设成效。另一方面，省教育厅积极组织专家针对改革中的难点问题进行会诊，出谋划策，与学校一起找思路、寻对策，促进相关改革的深入开展。如在国家实验教学示范中心的建设中，实践教学改革既是重点、也是难点，尤其在人文社科类相关专业实践教学的改革上更为突出。针对这一情况，四川省多次组织相关专家组深入相关院校调研，帮助学校查找问题、改进建设方案、提高建设实效，一批学校通过建设，实践教学条件显著改善，教学质量明显提高，多个实验教学中心进入国家实验教学示范中心建设行列。

四川省省属本科院校在实施"质量工程"建设过程中，普遍注重教学指导和服务工作，加强自身的教学管理与服务体系建设，促进、指导、帮助一线教师开展教育教学改革，形成了管理服务教学的良好机制。如四川师范大学通过深入探索，建立了立足三项服务、强化三个突出、推进四化建设的"服务型"质量保障体系，取得了积极的建设成效，2009年该校完成的教改成果《构建地方高校服务型监控与保障体系，提高教育教学质量的探索与实践》获得四川省高等教育教学成果一等奖、国家级教学成果二等奖。

（三）加强协作、促进交流是实施"质量工程"的重要手段

"质量工程"建设是一项重大的创新行动。四川省在推进"质量工程"建设过程中，高度重视协作与交流，一是通过召开全省年度教学工作会议，及时传达教育部有关精神，邀请先进学校、先进项目对建设经验进行交流发言；二是通过召开专题工作会议，促进相关领域的交流和合作；三是每年均编辑出版《四川省高等教育教学质量报告》，客观反映各高校教学改革及教学建设的实际情况，为学校间相互学习、交流提供平台；四是每月均编辑出版一期《四川高教信息》，实时介绍各校建设进展。通过这些措施，四川省高校逐步形成了立体交叉、多维互动的"质量工程"建设交流平台，促进了各校全力以赴推进"质量工程"建设，形成了"先进带后进、后进赶先进"的良好局面，推动了全省高校教育教学质量的整体提高。

四川省省属本科院校在建设过程中，普遍重视对外交流与协作，积极组织教师到国内相关高校进修学习，丰富经验，提高教育教学改革能力和水平，有力地促进和推动了学校以"质量工程"建设为引领的教育教学改革，取得了一定的成效。

（四）建立机制、强化监控是实施"质量工程"的重要保障

在"质量工程"建设中，建立完善、高效的运行机制和监控体系，是顺利实

施"质量工程"的重要保障。一是建立科学的评审机制，这是高等学校开展"质量工程"建设的指挥棒，完善健全的评审机制将会对高校"质量工程"建设起到良好的导向作用，反之则会产生较大的负面影响。四川省在国家级"质量工程"项目的推荐和评审过程中，始终坚持不断完善评审机制，发挥导向作用，取得了较好的效果。如在国家级特色专业建设点中，四川省在坚持基本标准的基础上，强化优势特色项目的建设力度。在评审答辩过程中，特色项目是专家考评的"必修科目"，有力地引导了高校深入思考特色、认真总结特色、扎实巩固特色。二是建立完善的监控机制，是保证"质量工程"建设目标实现的重要保证。只有评审没有监控，就可能陷入重申报、轻建设、不重实效的怪圈。近年来，四川省一直探索建立"质量工程"项目建设的监控机制，2008 年起，逐步对在建的"质量工程"项目进行中期检查或年度检查，对促进项目后续建设起到了较好的推动作用，取得了显著成效。

在建设过程中，四川省省属本科院校普遍注重"质量工程"项目的建设，努力通过项目建设，发挥项目实效，基本形成了校级"质量工程"体系，完善了校内教育教学改革评价机制和资助体系，对"质量工程"项目进行了过程监控，促进了项目建设有序进行，为项目实效的发挥作出了贡献。

（五）强化优势、突出特色是教育教学改革的关键环节

"质量工程"项目建设在一定程度上是示范性、优质性、特色性项目建设。四川省属本科院校在"质量工程"建设过程中，十分注重自身优势项目和特色项目的建设与巩固，立足自身传统优势，不断强化、拓展和提升，取得了积极进展，部分院校紧扣特色和优势在重点领域开展重点建设，取得了积极的成效，初步形成了集成化的优势和平台，为进一步促进学校发展奠定了良好的基础。以四川师范大学为例，该校是一所以教师教育为主要特色和优势的师范院校，在"质量工程"实施过程中，学校坚持强化优势、突出特色的建设思路，在教师教育领域立项建设国家人才培养模式创新实验区 1 个、国家教学团队 1 个、国家实验教学示范中心 1 个、国家特色专业建设点 10 个、国家精品课程 3 门、国家双语教学示范课程 1 门，形成了全方位、立体化的教师综合平台，为学校教师教育特色和优势的巩固奠定了良好的基础。

通过"质量工程"的实施，无论是四川省本科院校自身，还是四川省属院校的主管部门——四川省教育厅均积累了丰富的建设经验，建立了较为成熟的建设体系，为持续深化教育教学改革、加强教学基本建设奠定了坚实的基础。

三、四川省省属本科院校实施"质量工程"的主要问题

虽然在 2007—2010 年实施的"质量工程"一期建设过程中，四川省属本科院校取得了较好的成绩，但在"质量工程"建设中依然存在不少问题，主要表现在：

（一）地方院校众多，经费缺口较大

四川省是高教大省，但也是西部大省，教育财政压力较大，虽然在建设过程中，通过加大精力投入、经费重点倾斜等措施，但所给予项目资助的经费仍然有限，要持续加强"质量工程"建设还存在比较大的资金缺口。在"质量工程"一期建设中，省级项目相应的经费资助标准与国家级"质量工程"项目资助标准差距较大，还难以满足项目建设的经费需要，给四川省属本科院校开展"质量工程"建设带来了一定的困难。

（二）项目建设分布不均匀，院校间的差距逐步拉大

据统计，目前四川省立项建设的国家级"质量工程"项目中，仅占全省高校20％的部委属院校获得了总项目数的70％的建设项目。尽管在建设过程中，部委属院校也发挥了良好的示范带动作用，但是由于部委属院校与地方院校生源不同、定位不同、服务面向不同，部委属院校建设的大多数项目难以为地方属院校所学、所用，其受益面及示范性明显不足。

而四川省属地方高校由于受长期积累的办学条件较差、师资队伍较弱和办学经费有限的限制，在"质量工程"建设上还很难以达到与部委属高校同等的水平，如何通过错位发展、差异发展，凸显自身的办学特色和优势，在"质量工程"建设中取得更好成绩是四川省属本科院校面临的重要问题。

（三）"质量工程"项目实施过程中，项目内部分布不均的现象不同程度的存在

"质量工程"的实施主要以项目申报、建设的方式进行，包括四川省属本科院校在内的部分高校在建设过程中，重点立足于学校在不同领域已经形成的不同特色和优势进行重点建设，但是由于学科领域的差异，一些传统优势学科领域的项目在建设过程中体现出更大的优势，在"质量工程"建设中获得了更多的资助，但与经济社会发展紧密的部分新兴学科，由于办学历史相比较短、建设基础相比较差，在与传统优势学科的竞争中处于弱势地位，从而难以获得资助，这反而进一步拉大了优势学科专业领域与新兴学科专业领域的差距，对学校满足经济社会发展的新兴需要造成局限。

（四）"重申报"、"轻建设"的倾向在一些学校还不同程度的存在

"质量工程"项目自实施以来，便被作为衡量高等学校办学质量和办学水平的重要指标之一，包括四川省属本科院校在内的各类型高校均给予了高度重视，投入了大量人力、物力、财力进行重点建设，深入挖掘了自身存在的资源、优势和特色，投入大量精力进行申报工作。但在申报立项后，部分项目的建设工作滞后，没有按照项目建设的要求和内涵进行重点建设，致使项目并未达到预期的目

标，实现预期的成效，从而使"质量工程"项目建设的意义大打折扣。因此，在申报成功后，如何加强"质量工程"项目的建设，使之在人才培养中发挥出实际效果，这是包括四川省属本科院校在内的高等学校在"质量工程"项目建设中必须重视的问题之一。

（五）项目间横向联系较少，辐射共享需进一步加强

"质量工程"建设，一直强调优质资源的交流与共享，在整个建设过程中，也尽力通过会议交流、示范推广等多种方式，推进优质资源，但是目前很多资源仍然只能依托各个学校的现有平台来实现，缺乏像教育部建设的国家精品课程共享平台——国家精品课程资源网一类的公共平台，这在一定程度上影响了优质资源的共享。同时，由于观念上的相对滞后、技术能力的部分欠缺，在实际过程中，优质资源的共享程度还相对较低。换言之，在现代教育技术广泛运用的情况下，四川省属本科院校的"质量工程"项目如何充分发挥示范辐射作用，使其建设成果惠及更多的高校、教师和学生，这是下一步"质量工程"建设需要加强的工作。

四、四川省省属本科院校实施"质量工程"的主要建议

2010年，《国家中长期教育改革和发展规划纲要（2010—2020年）》明确提出将继续深入实施高等学校本科教学改革与教学质量工程，四川省也明确提出将要实施"高等质量提升计划"、"优势学科与特色专业建设工程"，四川省属本科院校在"质量工程"建设中再次面临着机遇和挑战。

（一）对政府主管部门的建议

国家和省级教育行政主管部门在"质量工程"的实施中发挥着主导作用，在新一轮"质量工程"建设中，应更加注意"质量工程"的项目设计和组织管理，在分类管理的原则下，引导高校合理定位，克服同质化倾向，形成各自的办学理念和风格，在不同层次、不同领域办出特色，争创一流。

1. 建立持续资助机制，推进项目建设不断深入

"质量工程"一期的各在建项目要进一步提升水平、发挥实效，并根据实际需求不断更新建设内容，持续加强内涵建设，这都需要更多的经费投入和政策支撑。同时，同一类别的建设项目由于建设内容、覆盖面、建设目标和建设任务不尽相同，同一资助标准不能很好适应实际需要，部分在建项目已出现建设经费短缺的情况，应当在后续建设过程中进一步加强分类指导，分项投入。

2. 搭建共享交流平台，促进建设成果的共享及应用

"质量工程"一期的各在建项目要进一步提高水平和质量，增强示范和辐射作用，必须进一步加强交流，尤其是在建设方式、方法、经验、思路等方面的深层次、全方位的交流显得更为重要。目前，很多非官方的培训班、研讨会议，一

方面难以保证质量，另一方面费用较高。建议在下一步的建设过程中，建立合作交流的平台及机制，并划拨专项经费予以重点支持。

建立和完善共享交流机制，设立优质项目共享交流专项资金，促进各项目之间的横向交流，尤其是对建设思路、模式、方法、经验、问题等方面，应当开展深层次、全方位的交流、培训活动，以此锻炼和培养一大批高等教育教学改革的行家里手，促进高等教育的可持续发展。建议理由在于：师资是教育教学改革的第一资源，只有一流的师资才有一流的教育，通过项目建设的充分交流与实质性共享，是加强高校师资建设的有效途径。

3. 建立优胜劣汰的竞争机制，确保项目建设取得实效

针对目前在"质量工程"项目建设中仍然存在重申报、轻建设、轻应用的情况，建议教育部建立和完善项目管理机制，加强对国家级"质量工程"项目建设的过程监控，加强检查、评估和验收工作，建立优胜劣汰的动态管理机制，对建设成效明显的项目持续资助，而对建设成效较差的项目应限期整改直至取消其建设资格。

4. 加强对中西部地方高校的建设支持力度

我国应用型人才培养任务主要由地方高校承担，中西部地方高校主要承担了面向中西部相对落后地区的人才培养任务。而中西部省份财政投入能力相对有限，因此，中西部地方高校的发展尤其是教学改革与建设更需要得到中央财政的大力支持。从目前"质量工程"实施的情况来看，中西部地方高校与东部地区高校在竞争中处于落后地位，获得的项目支持少，而东部地区高校所建的"质量工程"项目对中西部地区的针对性、适应性、辐射性较差，进一步加大了区域之间的差距，违背了《国家中长期教育改革与发展规划纲要》的精神，建议在"十二五"期间，与实施《中西部高等教育振兴计划》相结合，确立国家级"质量工程"重点支持中西部地方高校建设的总体原则。

5. 完善组织管理方式，促进质量工程建设水平提高

新一轮国家级"质量工程"建设中，可采取教育部集中管理和省级统筹协调相结合的方式进行管理，参照本轮国家特色专业的做法，在新一轮"质量工程"项目遴选上，将部分项目遴选权力下放至省级教育主管部门，强化省级统筹能力，使地方高校的"质量工程"建设更加符合区域经济社会发展需要。建议理由在于：国家特色专业目前的评审方式，一方面保证了特殊领域和优势学科的国家战略需要，同时也兼顾了区域发展的实际需求，强化了省级教育主管部门的统筹意识。此外，省级教育主管部门对于本区域的实际情况及需求有更为深入的了解，有利于建设项目的科学设置。

同时，在"质量工程"建设过程中，加强监控体系与评价机制的建立，逐步探索自我评价、省级评估、国家抽查的监控机制，确保预期建设目标的实现。建议理由在于：监控机制的完善，能够有效防止重申报、轻建设、轻应用与共享的现象；监控机制的科学和成熟是建立持续资助机制的基础，也是保证、巩固、整

合、扩大优势教育资源的必要手段。

6. 在新一轮"质量工程"项目中加强集成性项目建设

目前，"质量工程"建设项目主要以"点"的突破为主，立项建设了一批具有较高水平的项目，如何使这些项目在实际过程中形成合力，有利于"面"上的整体突破，需要设计优质教学平台集成项目。在新一轮"质量工程"建设中，建议重点资助高等学校教学工作某个领域，在现有"质量工程"项目建设基础上，通过多个项目整合、集成，形成具有综合功能的高水平教学综合平台和体系，以寻求教学改革的全面突破，全面提高教育教学质量。

7. 加强对与新兴产业对接的相关项目的支持力度

针对目前经济社会发展和知识更新速度加快对人才培养提出新的要求的现实和趋势，高等教育需要迅速适应并进行有力探索，否则难以满足社会经济发展的实际需要，建议重点支持符合国家或区域战略发展需求的人才培养专门项目，重点以专业建设为依托(尤其加强新兴紧缺专业建设)，突出学科专业的交叉复合，突出新兴紧缺学科领域的人才培养。

（二）对四川省属本科院校实施"质量工程"的建议

四川省属本科院校在 2007 年启动实施的"质量工程"一期建设项目中通过项目建设取得了较好的建设成效，有力推进了学校本科教育事业的发展，在新一轮"质量工程"建设中更应立足需要、突出优势、突出特色，不断实现新的突破、赢得新的发展，在本科教育领域取得更大的进步。

1. 强化建设意识，明确建设定位

质量是高等学校的生命线。"质量工程"的建设是提高高等教育质量的重要手段和途径，利用好、依托好、建设好"质量工程"是四川省属本科院校在新的发展时期的重要任务，也是学校赢得发展的重要机遇。"质量工程"项目立足于质量、指向于质量，在国家提出对高等学校实施分类管理的背景下，四川省属高校立足自身实际，应当确立什么样的办学定位、办学理念和质量标准是在新一轮"质量工程"建设中所应把握的重要问题。只有在合理的定位、科学的理念和切实的质量标准下，"质量工程"项目的建设才能在四川省省属本科院校的建设中发挥更大的效益。如果盲目向与自身不在同一类型、同一层次的高水平大学靠齐，以别人的标准作为自身的标准，势必在建设中迷失自我，"质量工程"的建设也会失去实际意义。

2. 扎实做好一期"质量工程"项目的建设工作，确保实现预期目标

在"质量工程"一期建设中，四川省属本科院校通过深入挖掘、集中建设获得了一大批"质量工程"项目，这些项目既是学校办学特色和优势的集中体现，也是学校进一步发展不可多得的宝贵财富。在"质量工程"建设中，各高校应努力将一期"质量工程"项目建设好，并以一期"质量工程"项目为依托不断拓展，不断升华，在"质量工程"建设中获得更多的成果。

3. 进一步完善学校教育教学改革机制，加强"质量工程"项目建设

校级"质量工程"项目是实施"质量工程"的基础和条件，通过"质量工程"一期项目建设，四川各省属本科院校基本形成了自身的"质量工程"项目评审、资助、验收机制，在新一轮"质量工程"项目建设中，各高校应结合发展的需要进一步完善"质量工程"项目的建设管理办法，通过机制创新进一步激活质量工程建设的活力，持续深入地推进"质量工程"建设工作。尤其要加强"质量工程"项目的评价机制建设，突出项目的过程管理和绩效管理，切实保证"质量工程"项目达到预期建设目标。

4. 突出优势，加强集成性项目建设

通过"质量工程"一期的项目建设，四川各省属本科院校在不同的领域已经取得了一定的突破点，这些"点"的突破在四川本科教育教学改革中起到了良好的示范和引领作用。在新一轮"质量工程"建设中如何整合这些项目的优势，加强项目之间的联系，形成项目的整体优势和集成优势，建设集成性项目，实现某一领域人才培养的重大突破，提升某一领域不同环节的人才培养质量和水平，是四川省属高校需要正视的一个问题。

5. 立足区域需要，加强新兴领域的改革与建设

在未来一段时期内，国家将会实现经济结构的转型，四川省将重点发展战略新兴产业、"7+3"产业和"塔尖"产业，这些产业的发展需要四川省属高校源源不断地提供各类人才。在新一轮"质量工程"实施过程中，四川省属高校更应立足区域经济社会发展需要，针对建立四川教育强省和西部人才高地的战略发展目标，集中力量在新兴领域实现突破，通过"质量工程"项目的建设，不断提升学校培养在新兴产业领域所急需人才的能力，提升学校的办学水平、教育质量和社会服务能力。

6. 以学生为中心，不断提升学生的能力

"质量工程"建设的目标指向于人才培养，旨在通过改革与建设提高人才培养质量，其最终的受益对象是本科学生。四川省属本科院校在新一轮"质量工程"建设中，更应把学生受益摆在更加重要的位置，以提升学生能力为目标，加强对项目建设目标、方案、内涵、方式的设计和论证，强化项目的实施和过程管理，并以学生受益程度最终考量改革和建设的成功程度，努力通过"质量工程"的建设，培养一批具有较强创新精神和突出实践能力的高层次人才，以满足经济社会发展对高层次人才的紧迫需要。

7. 以"质量工程"为依托，不断加强教师队伍建设

教师是教学工作的核心，是"质量工程"项目的直接设计者、执行者。在"质量工程"一期项目中，四川省属本科院校通过项目实施已经形成了一大批教学名师和高水平教学专家；在促进师资队伍建设的同时，也有力地提高了教育教学水平和质量。"大学之大，不在大楼而在大师"，教师水平的高低直接影响和决定着教育质量的高低，"质量工程"的实施更要将教师队伍建设作为一项重要任务。在新一轮"质量工程"中，四川省属本科院校更应以"质量工程"建设为依托，不断推进教师教学水平和能力的提高，要通过高水平的项目建设，培育一批高水平的教学名师和教学专家，带动一批中青年骨干教师的快速成长，努力造就一支与学校本科教育事业发展相适应，师德高尚、业务精湛、结构合理、充满活力的高素质专业化教师队伍，促进学校本科教育事业的全面发展、科学发展和可持续发展。

第三章　四川省省属本科院校人才培养模式
创新实验区建设问题研究

　　教育部、财政部 2007 年开始评选国家级人才培养模式创新实验区，2008年、2009 年又开展了两次评选，总计立项建设国家级人才培养模式创新实验区501 个，旨在鼓励和支持高等学校进行人才培养模式方面的综合改革，在教学理念、管理机制等方面进行创新，努力形成有利于多样化创新人才成长的培养体系，满足国家对社会紧缺的复合型拔尖创新人才和应用人才的需要。本项目重点支持高校在教学内容、课程体系、实践环节、教学运行和管理机制、教学组织形式等多方面进行人才培养模式的综合改革，以形成一批创新人才培养基地。为推进地方高校人才培养模式改革，四川省从 2008 年开始在四川省属本科院校中开展人才培养模式创新实验区立项建设工作，2008、2009、2010 年分三批立项建设 43 个省级人才培养模式创新实验区。

第一节　四川省省属本科院校人才培养模式
创新实验区建设情况分析

一、四川省省属本科院校人才培养模式创新实验区建设现状

（一）四川省省属高校获得国家级人才培养模式创新实验区情况

　　在三批国家级人才培养模式创新实验区立项中，四川省总计有 8 所院校的 13个人才培养模式创新实验区获得立项，涵盖医学、艺术、交通、教育、生命科学、管理、文化素质、飞行技术等多个领域，其中四川省属本科院校有三所高校获得 3 个项目的立项，立项项目情况如下：

表 3-1　四川省属本科院校获国家级人才培养模式创新实验区立项一览表

学校名称	实验区名称
四川农业大学	植物生产类人才培养模式创新实验区
成都中医药大学	国家理科中药基础基地人才培养模式创新实验区
四川师范大学	西部地区跨学科复合型师资培养模式综合改革实验区

　　从立项情况来看，四川省属本科院校立项数量远少于省内部委属院校立项数，获得立项的高校均具有较长的办学历史，且是在学校传统优势领域获得的立项。

　　四川农业大学"植物生产类人才培养模式创新实验区"主要是依托农学院、水稻研究所、小麦研究所和玉米研究所的优势资源，充分发挥农作物学科人才培养优势，致力于培养心系"三农"、献身新农村建设、具有较深厚的人文底蕴、植物生产领域基础知识扎实、适应性强、富于创新精神和实践能力的高素质复合型人才。实验区继承四川农业大学"重品德、厚基础、强实践、求创新"的办学传统，提高学生综合素质，引导学生独立思考，自主学习，增强获取新知识的能力，重视学生发现问题、分析问题和解决问题能力的培养和训练，培养高素质人才；建立开放式育人环境，淡化专业界限，加强校内与校外联系，拓展师生视野，在开放、严谨、和谐的环境中培养思路开阔、能尽早适应社会需求的复合型人才；引导学生个性良好发展，培养学生的科学精神、科学素养和科研能力，营造良好的学术讨论氛围，启发训练学生的创新思维，爱护、培养学生的好奇心、求知欲，鼓励、激发学生的探索精神和创造欲望，促进拔尖创新人才脱颖而出[①]。

　　成都中医药大学"国家理科中药基础基地人才培养模式创新实验区"按照教育部高等学校人才培养创新模式实验区标准和建设内容，紧紧围绕"医药结合、系统中药、实践创新"的实验区人才培养教育理念，将成都中医药大学国家理科基础科学研究与教学和人才培养，与中药基础基地人才培养模式创新实验区的整体水平提升到更高的层次，使实验区在软硬件条件上更上一个台阶，努力建设成一个人才培养模式更合理、设施更先进、功能更完善、管理更规范和更高度信息化的国内一流的人才培养模式创新实验区，成为具有时代精神、特色更加鲜明、面向社会高度开放的高水平实验区教学示范中心。人才培养创新模式是保证实验区充分发挥其辐射、示范作用的动力源泉。以国家自然科学基金人才培养项目"成都中医药大学中药基础基地"的研究为契机，成都中医药大学继续深化实验区人才培养创新模式改革，在"一中心、两阶段、三层次"的实验区人才培养模式的基础上，积极探索和完善适合创新性人才培养的"3+3"人才培养模式，注重医药结合、大众教育与精英教育的结合、传统与现代的结合，加强前沿学科实验方法与手段的引入、理论与实践的结合，教学与科研的结合，巩固和提升实验区的建设成果，使其具有广泛的辐射、示范、推广作用[②]。

　　四川师范大学"西部地区跨学科复合型师资培养模式创新实验区"立足西部基础教育事业发展的需求，着力解决长期以来在师范生培养中存在的培养目标单

---

　　① 依据四川农业大学《植物生产类人才培养模式创新实验区》申报书整理 http：//syq．zlgc．org/Admin_Info/View_Table2．aspx？id=595
　　② 依据成都中医药大学《国家理科中药基础基地人才培养模式创新实验区》申报书整理，http：//syq．zlgc．org/Admin_Info/View_Table2．aspx？id=500

一、难以满足不同区域需求、师资培养难以将普适标准与区域特点相结合、师范生培养的学术性与师范性矛盾等系列问题。该实验区不断完善人才培养方案，构建了培养学生学科专业教学能力＋跨学科教学能力、教学能力＋科研能力、一般教学能力＋学科特长能力、教学能力＋教育管理能力、普通话教学能力＋双语教学能力的复合型能力培养体系。实验区不断推进通识教育课程建设，夯实学生基础文化素质；完善教师教育课程体系，增强教师专业素养，开设了 20 余学分的教师教育课程；大力开展双学位教育，提升跨学科教学能力，提升学生复合型能力；整合优质教育资源，建立中小学名师教学影像资源库等多个资源共享平台，为学生自主学习创造条件和提供保障；对接高中课程改革，更新培养内容，持续提高学生适应课程改革的能力。同时，该实验区还通过专业建设、课程建设、实践教学改革、教师队伍建设、质量保障体系建设等措施，不断推进实验区建设工作。

（二）四川省属本科院校获四川省级本科人才培养模式创新实验区立项情况分析

2008 年，为促进省属本科院校开展人才培养模式改革，四川省教育厅开展了省属本科院校人才培养模式创新实验区立项工作，并制定了专门的评审指标体系，指导各高校建设，指标体系共分九个一级指标、18 个二级指标，对人才培养模式创新实验区的建设提出了要求。九个一级指标包括前期建设基础(含建设基础 1 个二级指标)、指导思想(含改革思路与定位、理论研究 2 个二级指标)、培养方案(含培养目标、方案设计及可行性 2 个二级指标)、师资队伍(含队伍结构、师德和风范、业务素质 3 个二级指标)、教学条件(含教学设施建设 1 个二级指标)、管理与运行(含课程建设、教材建设、教学管理、实践教学 4 个二级指标)、政策保障(含经费保障、政策倾斜 2 个二级指标)、培养效果(含综合素质与能力、社会评价、示范作用 3 个二级指标)和创新性。通过 2008、2009、2010 年三个年度的评审，共立项 43 个省级人才培养模式创新实验区建设项目，立项情况如下：

表 3-2　四川省省属本科院校立项省级省级人才培养模式创新实验区一览表

学校	实验区名称
四川农业大学	植物生产类人才培养模式创新实验区
成都中医药大学	国家理科中药基础基地人才培养模式创新实验区
四川师范大学	西部地区跨学科复合型师资培养模式综合改革实验区
四川师范大学	西部师范院校创业教育综合改革实验区
成都体育学院	高水平竞技人才培养模式创新实验区
西华师范大学	双优型应用电子技术职教师资人才培养模式创新实验区
成都理工大学	成都理工大学地质工程创新人才培养模式实验区

续表

学校	实验区名称
成都信息工程学院	电气信息类 CDIO 工程教育模式创新实验区
西南石油大学	石油天然气装备人才培养模式创新实验区
泸州医学院	西部地方院校临床医学专业人才培养模式创新实验区
西昌学院	新建本科院校"本科学历＋职业技能素质"人才培养模式创新实验区
乐山师范学院	面向基础教育开放式人才培养模式创新实验区
成都学院	成都统筹城乡教育综合改革背景下市属高校高素质、应用型软件外包服务人才培养模式创新实验区
成都中医药大学	师带徒与院校教育相结合中医临床拔尖人才培养模式创新实验区
绵阳师范学院	西部地方高师院校创新教育优秀师资培养模式创新实验区
四川警察学院	警务人才培养模式创新实验区
成都理工大学	新时期地学创新人才培养实验区
西南石油大学	油气田应用化学工程人才培养模式创新实验区
四川师范大学	统筹城乡发展背景下应用型商务人才培养模式创新实验区
西南科技大学	面向区域和建材行业的复合型人才培养模式创新实验区
成都中医药大学	中西医临床全科医学人才培养模式创新实验区
泸州医学院	西部地方院校公共卫生与预防医学人才培养模式创新实验区
四川音乐学院	交响乐演奏人才培养模式实验区
西华大学	适应地方经济建设的多样化应用型人才培养的创新实验区
成都信息工程学院	大气探测人才培养模式创新实验区
西华师范大学	新课程改革背景下教师教育培养培训一体化综合改革实验区
四川农业大学	动物医学专业人才分类培养模式创新实验区
成都体育学院	体育产业经营管理复合型人才培养模式创新实验区
内江师范学院	地方高师院校面向基础教育课程改革的应用型数学教育人才培养模式创新实验区
乐山师范学院	非中心城市本科院校"职业发展型"旅游管理人才培养模式创新实验区
绵阳师范学院	西部高师文科复合型应用人才培养模式创新实验区
成都学院	创意型旅游人才培养模式创新实验区
宜宾学院	需求导向工程应用型电子信息人才培养模式创新实验区
西昌学院	民族地区"3＋1"工程人才培养模式创新实验区
四川理工学院	地方院校多样化应用型化工类人才培养模式创新实验区
四川民族学院	民族地区基础教育师资培养模式创新实验区
攀枝花学院	地方院校本科应用型人才执业素质培养创新实验区
四川大学锦城学院	四川大学锦城学院应用型创新人才培养模式实验区
四川大学锦江学院	中德合作工程人才培养模式创新实验区

学校	实验区名称
成都信息工程学院银杏酒店管理学院	旅游、酒店管理专业多元化应用型人才培养模式创新实验区
成都理工大学广播影视学院	文化产业振兴背景下广播影视人才培养模式创新实验区
四川师范大学文理学院	应用型企业管理人才培养模式创新实验区

表 3-3　四川省省属本科院校立项省级人才培养模式创新实验区统计表

学校	2008	2009	2010	合计
成都中医药大学	1	1	1	3
四川师范大学	1	1	1	3
成都理工大学		1	1	2
成都体育学院		1	1	2
成都信息工程学院		1	1	2
成都学院		1	1	2
乐山师范学院		1	1	2
泸州医学院		1	1	2
绵阳师范学院		1	1	2
四川农业大学	1		1	2
西昌学院		1	1	2
西华师范大学		1	1	2
西南石油大学		1	1	2
成都理工大学广播影视学院			1	1
成都信息工程学院银杏酒店管理学院			1	1
内江师范学院			1	1
攀枝花学院			1	1
四川大学锦城学院			1	1
四川大学锦江学院			1	1
四川教育学院			1	1
四川警察学院		1		1
四川理工学院			1	1
四川民族学院			1	1
四川师范大学文理学院			1	1
四川音乐学院			1	1
西华大学			1	1
西南科技大学			1	1
宜宾学院			1	1

从立项情况来看，四川省共有 28 所省属本科院校获得了立项，其中 21 所公办本科院校获得 37 个项目，分别是成都中医药大学、四川师范大学各 3 项，成都理工大学、成都体育学院、成都信息工程学院、成都学院、乐山师范学院、泸州医学院、绵阳师范学院、四川农业大学、西昌学院、西华师范大学、西南石油大学各 2 项，内江师范学院、攀枝花学院、四川警察学院、四川理工学院、四川民族学院、四川音乐学院、西华大学、西南科技大学、宜宾学院各 1 项；5 所独立学院获得了 5 个项目的立项，分别是四川大学锦城学院、四川大学锦江学院、成都信息工程学院银杏酒店管理学院、四川师范大学文理学院、成都理工大学广播影视学院各 1 项。

从立项年度来看，四川省属高校对于人才培养模式创新实验区建设表现出了极大的热情，2008 年只批复 3 项（为 2007 年国家级人才培养模式创新实验区立项项目），2009 年共批复立项项目 13 项，2010 年共批复立项项目 26 项。

从立项领域来看，涉及门类涵盖文学、理学、农学、经济学、管理学、工学医学等诸多学科门类，还有部分跨门类的综合性改革项目，这表明四川省属高校在人才培养模式改革探索上呈现出多元化态势，努力通过多个途径的探索来加强人才培养模式改革与创新。

（三）四川省属本科院校人才培养模式创新实验区建设情况

2010 年四川省教育厅组织召开了四川省地方高等学校人才培养模式创新实验区建设研讨会，第一批、第二批立项的 16 个项目在会上做了交流发言，总体而言各项目建设进展情况良好，我们根据会议材料对部分项目建设情况进行简要介绍。

成都中医药大学"国家理科中药基础基地培养模式创新实验区"立项以来凝练了"医药结合、系统中药、实践创新"的中药实验教学理念，构建了一中心（以中药实践创新能力培养为中心）、两阶段（基础专业技能培训和科研创新能力培养两个阶段）、三层次（基本技能实验、综合性设计性实验和科研项目实践三个层次）的教学模式，通过中央与地方共建基础实验室、国家实验教学示范中心、中药标本馆、实习实训基地搭建了一流的实践教学平台；立项以来编著出版了系列教材、发表系列论文、促进了相关系列改革的推进，教学成果《中药创新人才培养模式的构建与中药理科基础基地建设的实践》获得四川省高等教育教学成果一等奖。

四川农业大学"植物生产类人才培养模式创新实验区"按照"元才教育、开放融合、分类培养"的思路进行实验区改革和建设，继续强化"重品德、厚积出、强实践、求创新"的育人理念，充分发挥农作物学科优势对实验区本科人才培养的推动作用；建立校、院、系、实验区负责人四级责任制的管理机制；加强师资队伍建设，完善人才培养方案，构建与培养目标适应的课程体系，强化实践教学，着力创新精神培养，完善教学条件，规范教学管理；通过改革和建设，培养一批服务"三农"、投身西部的农学高素质复合型人才，总结集成取得的经验和实践效果，形成实验区建设规范，并推广应用。该实验区建设带动了系列相关改革和建设，2500名学生从中收益，人才培养质量和效益得到提高。

四川师范大学"西部地区跨学科复合型师资培养模式综合改革实验区"立足四川教育实际，确立改革建设目标，努力采取多项措施深化改革，包括完善人才培养方案，加强复合型师资培养；推进通识课程建设，夯实基础文化素质；完善教师教育课程体系，增强教师专业素养；大力开展双学位教育，提升跨学科教学能力；整合优质资源，建立资源共享平台；对接高中课程改革，不断更新培养内容。推进配套建设，确保人才培养模式改革的实施，包括强化专业建设，构筑培养跨学科复合型教师的专业平台；更新课程体系，建设培养跨学科复合型教师的课程平台；突出实践教学，完善提升跨学科复合型师资的实践平台；完善建设保障，形成推进跨学科复合型教师培养的运行平台等。通过实验区建设，学校教学建设不断加强，质量工程成效显著，在教师教育领域形成了集成优势；培养质量不断提高，学生受到基础教育界的普遍欢迎；示范效应不断显现，社会影响持续增强，《光明日报》等主流媒体多次专题报道并高度评价了实验区的建设情况。2009年，改革成果"西部地区高素质复合型师资培养的改革与探索"获得四川省高等教育教学成果一等奖、国家级教学成果二等奖。2010年，以该实验区为依托，经四川省人民政府批准，四川师范大学启动"卓越教师培养体制改革试点"，进一步探索高水平教师的培养路径。

四川师范大学"西部地区创业教育综合改革试验区"自立项以来，整合校内资源，课堂内涵有机结合；建立有效互动的创业顾问咨询体系；构建创业教育实践平台；增强创业教育师资培养；与美国福特基金创业项目结合，大力开展大学生创业教育实践，取得了明显的成效，师生参与面不断扩大，每年有14000余学生参加各类创业活动；创业教育条件得到了极大的改善，新增10个创业教育实验实训基地；学生在全国和四川省创业计划大赛中获得突出成绩，部分学生在创业实践中取得突出成绩。

泸州医学院"西部地方院校临床医学专业人才培养模式创新实验区"立项以来全面加强教学建设、努力提高教学质量，重点开展了师资队伍建设，打造优秀教学团队；不断改善实践教学条件，建立了四川省实验教学示范中心；加强教学基地建设，在57所医院建立了临床实习基地。积极探索人才培养新模式，实施了课程体系改革，不断突出实践能力培养；实施了学分制改革，强化了综合素质培养，实施了客观结构化临床考核，改革了人才评价方式；完善了质量评估与保障体系；实施了大学生科研能力培养制度；开展了系列教育教学改革，取得了系列改革与建设成果。

四川警察学院"警务人才培养模式创新实验区"以三大工作理念引领实验区教育教学工作，三大理念是"一个中心"（实验区教育教学改革工作已实现人才培养目标为中心）、"两个结合"（将实验区人才培养、改革试点各项工作与体改班生源素质特点相结合，与学院育人特色相结合），"三个贯穿"（把正确的世界观、人生观、价值观的教育培养贯穿于教育教学与学生管理工作的全过程，把严格的警务纪律的养成教育贯穿于教学训练活动和日常生活管理的全过程，把人才培养规格要求贯穿于突出与强化岗位核心能力培养为重点的教学改革与教学实施工作的全过程），建立"主题鲜明、重点突出的思想政治教育"、"教学练战四位一体的警务实战教学体系"、"双学分制的素质养成教育管理新模式"和"学警结合、校局互动、共同培养的新机制"构成的公安人才培养新模式。学生的综合素质、能力及社会评价高，学生自愿到艰苦岗位工作的比例高，学生在各项竞赛中获得了系列奖励，校园文化建设得到了进一步凸显。

西南石油大学"石油天然气装备人才培养模式创新实验区"开展了广泛深入的市场调研，进行改革与创新理论与实践专题研究，加强学科专业建设，与部分企业研讨了"定制式"人才培养协议框架，制定了可行的人才培养方案。在教育理念、人才培养思路、管理运行机制等方面进行了全方位、大力度的探索，人才培养质量不断提高，受到了相应行业单位的高度评价。

西华师范大学"双优型应用电子技术职教师资人才培养模式创新实验区"形成了"一体、两面、三层次、多模块"的立体式课程体系，"师范＋工程"两面并重、"课内＋课外"二环节紧密相结合、"基础＋综合＋创新"三层次有机衔接的"223"立体型实践教学体系，以"专业能力＋师范能力"考核为核心，兼顾社会能力考核的人才综合质量评价和监控体系，形成了师资力量雄厚、实践环境优良的人才培养质量保障体系，学生能力得到了进一步提升，就业率保持在较高水平，在全国性竞赛中获得了系列奖励，并促进了教师队伍建设，实验区教师取得了系列教育教学成果。

西昌学院"新建本科院校'本科学历＋职业技能素质'人才培养模式创新实验区"》通过开展理论研究，为人才培养模式的实践提供依据；统一思想，营造人才培养模式改革的氛围；制定政策，预算经费，为推行人才培养模式提供保障；制定新的人才培养方案；强化职业规划教育；推行职业资格证书；建设"双师型"师资队伍；建立校内外实训基地。在理论研究、队伍建设和实践改革方面取得了积极成效，学生职业素养、职业能力得到了较大提升。

成都理工大学"地质工程创新人才培养实验区"重视地质基础、强化工程素养和设计能力，初步构建了地质工程创新人才培养体系，强化特色专业核心课程的学习，狠抓课程建设、教材建设、实验室建设、队伍建设、专业建设六大建设，全面构建本科教学"质量工程"，在教学团队建设、本科生质量提高、教学科研仪器设计与开发方面，取得了丰硕的建设成果。

成都体育学院"高水平竞技人才培养模式创新实验区"采取了修订培养方案，突出了高水平竞技人才的培养目标；建立"优秀运动员三级管理模式"，妥善地解决了读训矛盾；加强教学质量工程建设，加大教学训练设施和科研的投入，健全了人才培养保障体系；构建综合评价体系，提高竞技人才综合素质等建设措施，在学生竞技水平提高、综合素质提升等方面取得了显著的建设成效。

绵阳师范学院"西部地方高师院校创新教育优秀师资培养模式创新实验区"对创新教育的发展进行了深入研究，构建了三级平台的人才培养模式，创办了创新学院，从学生学习、教师教学、教学管理、机构设置、校园文化等方面进行了全方位、大力度的改革，学生在发明专利获得、论文发表、竞赛获奖等方面取得了显著的成绩，产生了较好的社会反响。

成都信息工程学院"电气信息类 CDIO 工程教育模式创新实验区"引入 CDIO 教学模式，改革体育课、英语课，压缩课内学时，增加课外训练；改革数学、物理等基础课，重点是改革教学方法；合并电类课程，强化基础，压缩专业方向课，增设工程设计导论课，模块化实施（基础 A－课堂，提高 B－讲座）、个性化培养（本科导师制：业界资深工程师＋校内教师）、增设与专业相关的工程项目训练；改革课程内容、规划教材编写、开发案例式实践教材；建立以学生个性化发展为核心，以"应用系统、功能模块、基本单元"为主线的模块化培养方案；改革了考核评价体系，在教学观念、教学内容、教学方法等方面开展了大量改革，取得了积极进展，产生了较为广泛的社会影响。

乐山师范学院"面向基础教育开放式人才培养模式创新实验区"构建了开放式的学科专业结构，服务面向涵盖普通高师教育、学前教育、特色教育、职业师范教育；构建开放式的课程体系和教学模式；办学机制上"职前职后有效衔接"，"学历教育与非学历教育协调发展"，"职业教育和普通教育相互沟通"；培养途径上依托"校地合作"平台持续实施"双培计划"，实行"2＋1"学年三学期制，举办教改实验班，实行小班教学导师制分类培养；探索开放式教学管理模式，构建大学内部、大学与中小学合作、大学与企业合作的和谐环境，并取得了积极进展，获得了较好的人才培养效益。

成都学院"成都统筹城乡教育综合改革背景下市属高校高素质、应用型软件外包服务人才培养模式创新实验区"立足成都统筹城乡发展需要，依托多学科平台优势，建设跨学科综合性人才培养实验区，启动了 3＋X 培养模式，开展了政产学相结合、订单式培养方式的课程建设；依托计算机实验教学示范中心进行了实践教学体系的创新改革，加强了学生实践教学训练；全面启动了基础教学课程改革。通过实验区建设，在队伍建设、教材建设等方面取得了积极成果，学生培养质量得到了提高。

二、四川省省属本科院校人才培养模式创新实验区建设取得的成绩与经验

通过近三年的建设，四川省省属本科院校人才培养模式创新实验区建设工作取得了积极进展，人才培养模式创新实验区的建设全面促进了学校教学理念、教学内容、教学方式、课程体系、教学组织形式、实践环节、教学运行和管理机制等方面的综合性改革，对推动学校教学整体发展有着非常重要的意义。四川省高

校根据经济社会发展需要，不断加强培养模式改革：在培养模式方面，如以校际合作、校企合作和国际合作培养创新人才，或以区域教学联合体或教育集团等形式为载体，联合培养创新人才，或跨学科门类综合培养复合型创新人才；在教学改革方面，如围绕教学内容、课程体系、实践教学、研究性教学、工学结合、文化素质教育等多元因素的相互融合，进行系统改革，着力培养创新人才；在教学运行与管理方面，如何以服务师生为根本，实现开放管理、创新教学组织形式等方面的改革，都在创新实验中取得实绩。

（一）建设成效

1. 更新了教育观念，明确了改革思路

在人才培养模式创新实验区建设过程中，更新教育思想观念是基础。四川省属本科院校在人才培养模式创新实验区经过一定的理论研究和较为深入的社会调研，增强了对人才培养的认识，并进一步明确了改革思路，总体上呈现出整体优化、多途径融合的特征。

2. 改革了培养方案，丰富了培养途径

四川省属本科院校在人才培养模式创新实验区建设过程中，普遍根据确立的教育思想观念和改革思路，立足社会需要对人才培养方案进行修订和完善，修订后的人才培养方案，更加关注经济社会发展的实际需要和学生发展的需要；在新的人才培养方案中，人才培养的方式和途径更加多元，校企合作、校地合作的特征更加明显，课程体系更加优化，学科专业课程的基础性定位得到保障，特色性优质课程建设得到进一步加强，为学生的进一步发展奠定了基础。

3. 强化了实践教学，提升了培养质量

四川省属本科院校在人才培养模式创新实验区建设过程中，普遍重视实践教学，如成都中药大学在"国家理科中药基础基地培养模式创新实验区"中明确提出了"一中心、两阶段、三层次"的实验教学模式；四川师范大学在"西部地区跨学科复合型师资培养模式综合改革实验区"的建设中明确提出了构建循序渐进、逐步养成、四年不断线的实践教学体系。在实践教学改革过程中，各院校十分注重实践教学体系的完善，基础性实践、综合性实践、创新性实践从不同程度得到了加强，社会实践、科研实践得到了不同程度的开展，学生的创新精神和实践能力得到了进一步提高。

4. 加强了配套建设，提高了保障水平

四川省属本科院校在人才培养模式创新实验区建设过程中，为系统推进改革普遍加强了配套建设。加强了与实验区所覆盖的专业建设，提高了专业建设水平，实验区所覆盖专业相当部分已建设成为国家特色专业建设点、四川省特色专业；加强了实验区课程优质建设，形成了一批资源丰富、水平较高、有特色的优质课程；加强了实验区实践教学条件建设，校内实验实训条件得到了进一步优化，校外实践实训基地得到了进一步加强；加强了教学管理与运行保障，构建了学校、学院、实验区负责人共同负责的管理运行机制，创新了教学管理制度；加强了质量保障体系建设，改革了人才评价方式和考核办法，促进了学生的全面发展。

5. 锻炼了教学队伍，丰富了教学经验

四川省属本科院校在人才培养模式创新实验区建设过程中，努力采取多种措施，促进教师的深度参与，通过系列教育教学活动的开展，教学队伍在实践中的教学能力和水平得到了进一步提高；教师之间的合作、交流与联系进一步增强，教学团队建设进展明显；结合实验区建设，教师积极开展教学研究与教改实践，对本科人才培养的认识得到进一步加强，实施教育教学改革的能力得到进一步提高，教师队伍的师德水平和业务能力有了较大的提升。

6. 强化了改革行动，形成了系列成果

四川省省属本科院校在人才培养模式创新实验区建设过程中，通过系列教学研究与改革行动的开展，取得了一些新的教育教学成果，发表了系列教学改革论文，编著出版了部分新编教材，制作了部分实验仪器设备，学生的创新精神和实践能力得到了提升，部分实验区的改革成果已经获得高等教育国家级教学成果奖、四川省高等教育教学成果奖，取得了较为明显的建设成效。

（二）建设经验

通过人才培养模式创新实验区建设，四川省省属本科院校普遍转变思想观念、理清发展思路、突破传统培养模式、探索与创新教学运行管理机制，开展综合性创新实验，为努力探索本科人才培养改革和发展的有效途径，积累了丰富经验：

1. 各级领导高度重视、调动广大师生参与的积极性是实验区建设取得成功的重要条件

四川省属本科院校在人才培养模式创新实验建设过程中积极发挥各方力量、调动各方积极性，部分学校的校领导亲自领导和主持人才培养模式创新实验区改革工作，学校教务管理部门、相关学院形成了紧密合作的人才培养模式改革机制，采用了多种措施促进教师开展人才培养模式改革工作，为人才培养模式创新实验区的建设提供了较好的政策保障和人力资源条件，这成为人才培养模式创新实验区建设的重要保障。

2. 更新思想观念、加强改革认识是人才培养模式创新实验区建设的关键

人才培养模式创新实验区的建设建立在对人才培养规律和经济社会发展需要的科学认识基础之上。四川省属高校在人才培养模式创新实验区建设过程中，普遍重视对实验区建设的研究，积极邀请行业部门合作研究，立足社会经济发展需要、学生成长成才需要对人才培养的观念、目标，以及存在的问题进行了深入分析和研究，并进行了全面动员和宣传，这为人才培养模式创新实验区建设提供了强有力的思想保证和认识保证。

3.　人才培养方案的制订和完善是人才培养模式创新实验区建设的主要载体

人才培养模式创新实验区建设的关键问题涉及培养什么人和如何培养人的问题，这两大问题的解决需要通过人才培养方案的制订和完善得以落实和实现，通过课程体系的完善和更新、实践教学的调整进行保障。四川省属本科院校在人才培养模式创新实验区建设过程中，普遍将人才培养方案的制订和完善作为重要建设内容，并形成了一批有创新的改革方案，这是人才培养模式创新实验区建设得以落实的重要支撑。

4.　推进配套建设是人才培养模式创新实验区建设的必要支撑

人才培养模式作为人才培养的顶层设计，涉及人才培养的众多方面，如果没有强有的条件支持、政策保障、经费支撑和优质资源，人才培养模式创新实验区的建设目标就难以实现。在人才培养模式创新实验区建设过程中，四川省属本科院校均十分重视配套的改革与建设，为实验区的改革与发展创造了良好的条件，这是实验区建设取得积极进展的重要原因。

5.　综合创新、分类建设、示范带动、服务全局是实验区项目建设的重要功能

人才培养模式创新实验区建设，必须紧密结合经济社会发展对创新人才培养的需求，遵循高等教育办学规律和创新人才培养规律，把"实验区"建设与服务社会有机融合；必须紧密结合学校的办学定位与办学特色，把"实验区"建设与学校教学改革发展的各个环节有机结合，充分体现办学以师生为本的理念；必须充分发挥教学名师、教学团队的示范作用，建立教师人才培养模式创新的激励机制，强化学生自主学习能力，激发学生创新动力，激活学生创新潜质，让各类高校与各类专业的学生各取所需，各展所长；必须紧密结合高等学校现行人才培养模式亟待改革的重点与难点，充分发挥"实验区"的作用，有针对性、创造性地进行人才培养模式改革实验，努力形成一批富有特色的改革创新成果。

三、四川省省属本科院校人才培养模式创新实验区建设存在的问题

经过三年的建设，四川省省属本科院校人才培养模式创新实验区建设取得了明显的建设成效，但同时也暴露了建设边界不明，建设水平参差不齐，师生参与面有待扩大，项目指导、检查、验收评价体系尚不健全等突出问题。

（一）人才培养模式创新实验区建设的边界不明

四川省省属本科院校人才培养模式创新实验区在建设过程中，不同程度地存在着建设边界不明、建设内涵不清的问题。实验区建设的关键是什么，重点要改革什么内容，要实现什么样的创新等，这些问题在一些实验区还没有得到很好的体现，致使一些实验区建设和本科教育教学改革混淆，与特色专业、精品课程、实验教学示范中心等的建设难以划清边界，未能处理好相互之间的关系，进而困扰实验区建设工作的开展。

（二）教育思想观念有待于进一步更新

人才培养模式创新实验区建设关键在于思想观念的创新，而思想观念的创新来源于对现有人才培养现状的深入研究，对高等教育人才培养规律的准确把握和对经济社会发展对高层次人才需求的深刻认识。大众化战略实施以来，由于培养规模的不断扩大，我国高等教育整体上由精英化教育向大众化教育转变，高等院校原有的精英化的人才培养方式已经不能满足现有人才培养的需要，但是在大众化教育阶段，究竟应当建立什么样的人才观、确立什么样的人才培养理念还没有得到完全明确和落实，人才培养观念还处于比较滞后的阶段，进而影响了人才培养模式创新实验区建设工作的进展。

（三）办学条件较差，有待于进一步改善

人才培养模式创新实验区的建设、人才培养方案的实施需要以坚实的条件基础作为保证，但是由于长期以来办学经费相对短缺，学生规模迅速扩张，导致四川省属本科院校办学条件较差，生均教学科研仪器设备值处于较低的水平，影响了一些创新性教育教学活动的开展，制约了人才培养方案的全面实施。虽然近年来四川省属本科院校通过校企合作等多种方式努力改善办学条件，但是办学条件较差的问题依然没有得到完全解决，这成为制约人才培养模式创新实验区建设的一个重要因素。

（四）师资队伍建设有待于进一步加强

四川省属本科院校在地理位置、工作环境、教学条件、生活待遇等方面和东部高校和部委属院校均存在较大差距，学校引进高水平教学与科研拔尖人才和学科带头人难度较大，师资队伍中缺乏在国内有较大影响的学术带头人，观念新、水平高、敢突破的项目负责人欠缺，没有形成强有力的教学团队，部分青年教师的教学水平有待进一步提高，急需进一步加强师资队伍建设，建立教师人才培养模式创新的激励机制，改善人才队伍现状。

（五）重申报、轻建设的倾向不同程度的存在

四川省属本科院校在人才培养模式创新实验区建设中仍然不同程度地存在着重申报、轻建设，为项目而项目的情况，一些项目只是粗略地整合了学校原有人才培养的一些做法，并没有进行大的改革和创新，没有找准人才培养中所面临的关键问题和难点问题，并进行针对性的解决；同时，由于一些学校还没有完全建立与实验区建设相匹配的监控和保障机制，评价机制不健全，难以促进实验区建设的有序推进，一定程度上导致了实验区建设与改革流于形式，推进不力，难以保证预期建设目标的实现。

（六）实验区建设的示范带动能力有待于进一步加强

人才培养模式创新实验区建设的目的主要在于通过一些领域的改革和探索，在提升相关改革试点单位建设水平和人才培养质量的同时，形成一批创新性的改革方案和改革成果，带动同类院校相关领域的改革、建设与发展。从实施情况来看，四川省省属本科院校开展的人才培养模式创新实验区在选择领域上均具有一定的代表性和创新价值，但是大多数院校目前尚未形成可以推广的改革方案、改革模式和改革经验，总体社会影响还比较弱，距离产生示范带动作用的预期目标还有不少差距。

第二节　四川省省属本科院校人才培养模式创新实验区建设的思考与建议

人才培养模式改革与创新在高校教学基本建设中处于基础地位。《国家中长期教育改革与发展规划纲要(2010－2020年)》中明确提出："创新人才培养模式。适应国家和社会发展需要，遵循教育规律和人才成长规律，深化教育教学改革，创新教育教学方法，探索多种培养方式，形成各类人才辈出、拔尖创新人才不断涌现的局面。"可以说，开展人才培养模式创新实验区建设是推进人才培养模式改革的重要措施。

一、人才培养模式创新实验区的基本内涵

第一次全国普通高校教学工作会议《关于深化教学改革，培养适应21世纪需要的高质量人才的意见》认为，人才培养模式是学校为学生构建的知识、能力、素质结构，以及实现这种结构的方式，它从根本上规定了人才特征并集中地体现了教育思想和教育观念。石亚军认为："人才培养模式是教学资源配置方式和教学条件组合形式，是人才培养过程中表面上不显明但实际上至关重要的一个因素，同样的教师、同样的教学条件、同样的学生，通过不同的培养模式所造就的人才，在质量规格上有较大差异[1]。"龚怡祖认为："人才培养模式是指在一定的教育思想和教育理论指导下，为实现培养目标而采取的培养过程的某种标准构造样式与范型性[2]。"

通过上述分析可以发现，人才培养模式的建设有几个方面尤其需要注意：

（一）人才培养目标

人才培养目标的确定在人才培养中处于基础性地位，具有方向性的作用。目标越明确，则改革行动会越具体，越具有操作意义。在人才培养模式创新建设过

---

〔1〕 石亚军. 面向21世纪高等文科教育的改革与建设 [M]. 北京：中国人民大学出版社，1998.
〔2〕 龚怡祖. 论大学人才培养模式 [M]. 南京：江苏教育出版社，1999.

程中，人才培养目标的确定十分重要，而这一目标的确定不仅是人才培养层次等内容的简单界定，而是涉及学生知识、能力、素质结构的全面定位。学生应当掌握什么样的知识，具备什么样的能力，形成什么样的素质都需要进行深刻的研究和准确的界定。

（二）教育思想和教育理论

人才培养目标的界定来自于教育思想和教育理论的指导，教育思想和教育理论也不是凭空产生的，而应是基于对人才培养规律的认识、人才培养特征的把握和人才培养趋势的分析，来源于成功的教育教学改革实践，又指导新的教育教学实践。

（三）培养内容

人才培养目标的实现需要具体的培养内容去实现，针对培养目标设定什么样的培养内容是实现培养目标的关键所在，培养内容的梳理、筛选和组合、融合是人才培养模式改革的一个重要内容。同时，如何构建教学内容的更新机制，使学生了解并不断适应外部世界尤其是经济社会发展需要是培养内容改革所需要重视的问题。

（四）培养范式

人才培养模式的改革不是优质资源的简单堆积，而是通过对人才培养过程进行标准化的再造和重构，形成较为稳定的内在结构，最终形成体现这种内在结构的模型，形成可再生和可推广的范式，是人才培养不至于因人员、条件等的变化发生太大的差异和变化。

综上所述，人才培养模式创新实验区的建设就是要在特定领域进行人才培养模式改革的探索，根据经济社会发展需要和学生个体发展需要，在一定教育思想和教育理论的指导下，确定并细化人才培养目标，完善人才培养内容，创新人才培养模式，努力培养高素质人才。

二、人才培养模式创新实验区建设的基本内容

结合上述人才培养模式改革及实验区建设内涵的分析，在人才培养模式创新实验区建设中应当注意以下方面的内容：

（一）及时更新思想观念

科学的教育思想、教育观念、教育理论对于人才培养模式创新实验区的建设具有重要的指导作用，是人才培养改革的精神内核和内在追求。在人才培养模式创新实验区建设中，更新教育思想观念应始终处于重要位置。一是要加强对现代教育思想、教育理论、教育观念的学习，在学习中努力结合自身的改革实际，努

力形成有自身特点和特性的教育思想观念，指导自身的教育实践改革；二是要加强对人才培养规律、人才培养特征的研究，强化对人才培养的规律性认识；三是积极开展教育思想、教育理论、教育观念大讨论，提倡"兼容并包"，鼓励多种思想的交锋和交流，在交流中逐渐形成新的思想和观点，促进人才培养水平的提高。

（二）科学确定培养目标

在人才培养模式创新实验区中确定培养目标要重点满足两个方面的需要，一是要满足经济社会发展对高层次人才的需要，即社会需要；二是要满足学生个体发展的需要，即个体需要。这两个需要的满足建立在进行广泛社会调研的基础之上，尤其是针对对应行业、企事业单位的调研，要努力使培养目标的设定具有科学性和前瞻性。只有具有科学性才能保证人才培养过程的科学，只有具有前瞻性才能保证学生符合经济社会发展的需要，并为学生的终身发展奠定较好的基础。

（三）不断优化培养方案

人才培养方案是人才培养过程的总体安排，是对培养目标的及时贯彻与落实，也是对具体培养内容、培养形式的组合和安排，是形成培养范式的关键环节。同时，人才培养方案的优化是人才培养模式创新实验区建设的关键环节。在人才培养方案优化过程中，一是要注意切实落实人才培养目标，使人才培养目标的每项指标在人才培养方案中具有切实的体现；二是要注意突出关键环节，根据人才培养目标要确定人才培养方案的重点内容，进行重点安排，实现重点突破；三是要合理协调理论教学和实践教学等不同教学环节之间的关系，合理进行进度安排和时间安排。

（四）持续创新管理机制

管理机制是培养范式构成的另一个重要方面，是人才培养目标得以实现、人才培养方案得以实施的重要保障。管理机制的创新，一是要注意符合人才培养的规律，注重破除制约人才培养的管理制度障碍；二是要注意强化服务意识，努力通过管理制度、管理机制的创新帮助教师专业成长和学生学业成长，形成服务保障的管理运行机制；三是要注意使用信息化手段，提高管理运行效率，方便快捷地进行教学组织运行与管理。

（五）重点强化实践教学

实践教学是本科教育的关键环节，是培养各类人才的重要支撑。在人才培养模式创新实验区建设上，实践教学改革应该作为一个重要的建设内容予以重点建设。强化实践教学过程，一是要重点优化实践教学体系，根据人才培养目标对实践能力的要求，合理安排实践教学的不同模块；二是要加强实践教学内容更新，切实将实践能力培养目标转化为具体的实践教学活动；三是要加强实践项目的更新，尤其要结合行业、企事业单位发展实际进行项目的设计和优化，努力提高实践项目的针对性。

（六）坚持加强队伍建设

教师队伍是实施人才培养模式创新实验区建设的主体，教师队伍的水平是决定实验区建设成功与否的关键因素之一。在人才培养模式创新实验区建设过程中应当高度重视师资队伍的建设工作，一是要注意促进教师更新教育思想观念，理解人才培养模式建设的目标、意义和思想；二是要促进教师开展教育教学研究，在研究中提高自身的认识、能力和水平；三是要组织好教师开展教育教学实践活动，形成教师团队的合力，促进人才培养模式创新实验区的建设。

三、人才培养模式创新实验区建设的基本原则

人才培养模式创新实验区的建设是一项整体的改革行动，涉及人才培养的诸多方面，在人才培养模式创新实验区建设过程中，应努力遵循系统性、创新性、实践性、个性化的建设原则。

（一）系统性原则

坚持从人才培养的整体角度思考设计人才培养模式创新实验区的建设，系统推进人才培养模式的改革建设工作。尤其要注重在人才培养模式创新实验区建设过程中，各相关参与单位、参与人员的整体协调，形成改革的合力，共同探索人才培养模式创新实验区的建设路径和建设方式。

（二）创新性原则

人才培养模式创新实验区的建设要坚持将创新放在突出位置，努力在原有人才培养范式基础上寻求突破。创新的观念和思想应该贯穿于人才培养模式创新实验区建设的全过程，在教育思想观念、人才培养目标、人才培养方案、课程建设、实践教学等各个方面，努力使创新成为人才培养模式创新实验区建设的出发点和准则之一。

（三）实践性原则

人才培养模式创新实验区的建设重点在于实施，各项建设工作都指向于具体的教育教学改革实践，改革方案均要转换为切实的教育教学改革行动。因而，在人才培养模式创新实验区建设中，要将实践放在突出位置，努力结合实际，形成可操作、可实施、可推广的改革与建设方案，切实将实验区建设的各项工作落到实处，推进建设水平的不断提高。

（四）个性化原则

人才培养模式创新实验区的建设是基于特定领域的创新探索，在实验区建设过程中，应注意坚持突出个性，形成特色，使人才培养模式的建构与特定领域的人才需求紧密结合，提高人才培养满足社会需要的能力；同时通过个性的不断彰显、特色的不断巩固，努力形成具有个性化特征的人才培养模式，促进多元化人才培养模式的形成。

四、四川省省属本科院校人才培养模式创新实验区建设的思考与建议

开展人才培养模式创新实验区建设是四川省属本科院校提高人才培养质量，满足经济社会发展对人才的多元需求的必然选择，目前通过"质量工程"一期的立项审批，已经形成了具有一定规模、针对不同层次的人才培养模式创新实验区建设项目。通过一段时间的建设，人才培养模式创新实验区取得了建设成效，同时也面临着诸多问题，在下一步的建设中应进一步更新思想观念、加强改革建设，提高建设水平和建设质量。

（一）进一步更新教育思想观念，大胆进行改革与建设

人才培养模式创新实验区的建设需要突出创新、寻求突破，就需要在原有建设基础上进行变革，突破原有的框架和体系，结合《国家中长期教育事业改革和发展规划纲要（2010-2020年）》等改革精神，人才培养模式创新实验区的建设更应注重学思结合、知行统一和因材施教。要实现这些要求，四川省属本科院校需要结合自身人才培养模式创新实验区的建设，加强对教育思想、教育理论的学习和研究，加强对教育观念的争鸣和讨论，加强对经济社会发展的调研，加强对学生特点的分析。只有更新了教育思想观念，才能进一步优化自身的人才培养目标，完善自身的人才培养方案，形成自身的人才培养范式。

（二）进一步立足区域发展需要，进一步加强与经济社会发展的结合

人才培养模式创新实验区建设的目的在于培养出符合经济社会发展需要的人才。当今世界经济格局正处于大变革、大调整时期，我国经济社会结构也正在经历着转型，四川省在加快经济社会发展的过程中也将会有新的变化和调整。这些变化对高层次人才培养提出了较高的要求；但是这些要求对于人才培养的要求具体是什么？对于人才培养规格的变化到底有哪些影响？对于人才培养方案、培养内容、培养要求的调整有些什么新的影响？这都需要四川省省属本科院校进行深入的研究，并在其中明确自身发展的方向，找到自身的发展契机，以进一步明确人才培养模式创新实验区的建设改革方向。

（三）合理处理人才培养模式创新实验区与其他建设项目的关系

人才培养模式创新实验区作为一个综合性加强的改革项目，不少建设单位在建设过程中，认为人才培养模式创新实验区与其他建设项目之间边界不明，难以把握建设的重点，容易使人才培养模式创新实验区的建设流于形式或者是与其他项目重复。根据人才培养模式的内涵来看，人才培养模式更注重思想观念的创新和培养范式的形成；换言之，人才培养模式的重点在模式的选择和构建上，要形成行之有效的教学组织形式和管理模式，而具体的内容不可避免地会涉及课程教学、专业建设、实践改革等方面。事实上，如果离开这些具体方面的改革，人才培养模式创新实验区的建设也就无法进行，因而在处理人才培养模式创新实验区与其他项目建设关系时，并非将其硬性进行划分，而是应该系统推进在不同方面的改革和建设，以形成建设合力。

（四）进一步加强交流与共享，提高项目建设水平

人才培养模式改革与建设是高等学校普遍关心的问题，交流和共享也是人才培养模式创新实验区建设的任务之一。通过交流共享，可以在创新实验区建设的理念、建设的目标、建设的措施、建设的方式等方面形成交流和共享，互通有无、经验共享不仅可以扩大自身的社会影响，也可以学习其他实验区建设的经验，提高自身的建设水平。在建设交流中，要着重开展对口交流，与探索相同领域人才培养模式改革的相关高校加强交流；同时，应加强与对应行业、企事业单位的交流和合作，听取行业意见，增强人才培养的针对性和实效性。

（五）加强教学条件建设，为实验区建设提供条件保障

人才培养模式创新实验区建设必须依靠教学条件的完善，尤其是实践教学条件需要进一步改善才能满足培养实践能力强的高素质人才的需要。四川省省属本科院校在后续建设过程中，应进一步加强教学条件建设尤其是实验教学条件建设：一是应努力筹措经费，加强校内实验实训条件的建设，为学生在校内开展实践训练、仿真模拟等提供更好的平台和条件；二是应继续加强与企事业单位、行业单位的合作与联系，加强与企事业单位联合的人才培养实践基地建设，给学生创造更多的机会走进实践、接受实践训练，提升实践水平。

（六）加强师资队伍建设，提高队伍建设水平

师资是人才培养模式创新实验区建设的实施主体，四川省属本科院校在后续推进人才培养模式创新实验区建设的过程中，仍应着力重点解决师资队伍的建设问题：一是要继续加强高水平学科带头人、教学名师的引进和培育，以高水平专家为核心，提升实验区的建设水平；二是要继续创新教师团队的合作机制，促进教师整体能力的不断提高；三是要重点加强教师队伍建设，帮助青年教师提高师

德修养和业务水平；四是要紧密与行业、企事业相合作，以兼职形式聘请行业高水平人员参与人才培养模式创新实验区建设，构建"双师型"教学队伍。

（七）加强改革经验的整理与凝练，形成项目建设范式

人才培养模式创新实验区的建设最终要形成人才培养的范式，优化人才培养的体系。在后续建设过程中，四川省省属高校所承建的人才培养模式创新实验区应该加强对自身改革与建设经验的整理与凝练，通过不断的研究，强化自身的思想认识并形成自身对人才培养规律的独特认识，不断促进人才培养模式改革的制度化、规范化、体系化，并构筑起可持续、可推广的人才培养范式，形成高水平的人才培养体系；既不断提高人才培养模式创新实验区建设的规范化水平，又不断为人才培养改革积累经验、夯实基础。

第四章　四川省省属本科院校特色专业
建设问题研究

　　特色专业建设旨在根据国家经济、科技、社会发展对高素质人才的需求，引导不同层次、类型的高校根据自己的办学定位，确定自己的个性化发展目标，发挥已有的专业优势，办出自己的专业特色，从而对不同层次、类型高校产生示范效应。如何提升省属本科院校特色专业建设质量、发挥其自身的辐射与示范作用，业已成为教育行政部门及高校专业建设的当务之急。

第一节　四川省省属本科院校特色专业建设情况分析

　　自特色专业建设项目实施以来，四川省教育厅精心组织，各本科院校积极申报，大力建设，目前已经建立起国家级、省级及校级三级特色专业建设体系，并取得了一定的建设成效。与此同时，特色专业建设中也暴露出一些不容忽视的问题。

一、四川省省属本科院校特色专业建设现状

　　2006 年四川省启动了本科院校品牌专业建设项目，在全省立项建设了 64 个省级品牌专业。2007 年教育部国家特色专业建设项目启动以后，四川省教育厅将 2006 年审核公布的"省级品牌专业"统一命名为"省级特色专业"。截至 2010 年底，四川省的国家级特色专业建设点达 152 个、省级特色专业建设点达 356 个，各高校还设立了校级特色专业建设点超过了 600 个。其中，有 23 所本科院校（包括 6 所非四川省省属高校和 17 所省属高校）获得了国家级特色专业建设立项，获得国家资助资金 3000 万以上，涉及 67 个二级类、94 个不重复专业，立项数占全省本科专业总数的 10％左右，覆盖 12 万以上在校生，占全省本科生总数的 20％左右；有 35 所本科院校获得四川省省级特色专业建设点，涵盖了 6 所非四川省省属高校和 29 所省属高校。四川省高校已经建立起国家级、省级及校级三级特色专业建设体系。

表 4-1 2007—2010 年四川省本科院校国家级特色专业建设点立项情况统计表

单位：个

序号	学校名称	2007年第一批	2007年第二批	2008年第三批	2008年第四批	2009年第五批	2010年第六批	合计
1	四川大学	7	4	6	4	1	4	26
2	电子科技大学	3	2	3	2		2	12
3	西南交通大学		3	3	3		3	12
4	西南财经大学	2	2	2	1		1	8
5	西南民族大学		1	2	2		1	6
6	中国民用航空飞行学院		1	1				2
7	成都理工大学	2	1	2	2		1	8
8	四川农业大学	2	2	2	1	1	2	10
9	四川师范大学	1	2	3	3		3	12
10	西华师范大学		2	1	1		3	7
11	西南科技大学		1	1	2		2	6
12	西华大学		1	1	1		1	4
13	西南石油大学	1	2	2	2		1	8
14	成都中医药大学		1	2	1	1	1	6
15	成都信息工程学院		1	2	1	1	2	7
20	成都体育学院		1	1	1		1	4
16	四川理工学院		1	1	1		1	4
17	四川音乐学院			1		1		2
19	泸州医学院		1	1			1	3
18	川北医学院		1					1
21	成都学院					1	1	2
22	西昌学院						1	1
23	攀枝花学院						1	1
合计		18	30	37	28	6	33	152
其中：自筹经费项目			3	10	2		1	16
四川省省属本科院校获项目数		6	17	20	16	5	22	86

资料来源：高等学校本科教学质量与教学改革工程网站 http：//www. zlgc. org/index. aspx。

表 4-2 2006—2010 年四川省本科院校省级特色专业建设点立项情况统计表

单位：个

序号	学校名称	2006年	2007年	2008年	2009年	2010年	合计
1	四川大学	12	11	11	9	7	50
2	电子科技大学	4	6	5	4	3	22

续表

序号	学校名称	2006 年	2007 年	2008 年	2009 年	2010 年	合计
3	西南交通大学	5	6	6	5	5	27
4	西南财经大学	4	4	4	2	2	16
5	西南民族大学	2	3	2	2	1	10
6	中国民用航空飞行学院	2			1	1	4
7	成都理工大学	4	4	4	4	4	20
8	四川农业大学	4	4	4	4	4	20
9	四川师范大学	4	5	4	3	4	20
10	西华师范大学	3	4	3	3	3	16
11	西南科技大学	2	4	2	3	4	15
12	西华大学	3	3	2	3	3	14
13	西南石油大学	3	4	3	3	3	16
14	成都中医药大学	3	1	1	1	1	7
15	成都信息工程学院	2	2	2	3	3	12
16	四川理工学院		2	2	2	3	9
17	四川音乐学院	2	1	1	1	1	6
18	川北医学院	1		1	1	1	4
19	泸州医学院	2	1	1	1	1	6
20	成都体育学院	2	2	1	1	1	7
21	成都学院			1	2	2	5
22	西昌学院		1	1	2	2	6
23	攀枝花学院		1	2	2	2	7
24	四川警察学院			1		1	2
25	成都医学院			1	1	1	3
26	绵阳师范学院		2	1	2	2	7
27	内江师范学院			1	2	2	5
28	乐山师范学院		2	1	2	2	7
29	宜宾学院		1	1	2	2	6
30	四川民族学院					1	1
31	四川文理学院					1	1
32	电子科技大学成都学院					1	1
33	成都理工大学广播影视学院					1	1
34	成都理工大学工程技术学院				1	1	2
35	四川师范大学文理学院			1			1
合计		64	74	70	72	76	356

续表

序号　学校名称	2006 年	2007 年	2008 年	2009 年	2010 年	合计
四川省省属本科院校获项目数	35	44	42	49	57	227

说明：2007 年统计数据含 10 个特色专业建设项目。

资料来源：四川省教育厅四川教育网：http://www. scedu. net/structure/index. htm。

二、四川省省属本科院校特色专业建设取得的成绩与经验

（一）建设成效

特色专业建设点极大地推动了高校的改革和发展，对于提升高校综合竞争力起到积极的推动作用。各特色专业建设点更加清晰了建设思路，改善了教学条件，强化了教学工作的中心地位，扩大了师生的受益面，发挥了特色专业的示范和引领作用，提升了专业建设整体水平，促进了教学质量的提高。

1. 明晰了专业建设思路

为推进特色专业建设，不少高校采取听证会、研讨会、论证会等多种形式，对特色专业的设置与改革进行论证，确立特色建设思路。通过特色专业建设，人才培养目标更加明确，人才培养模式更加创新，教学内容与课程体系、教学方法与教学手段、教学管理与培养机制等方面形成了一定的优势和特色，还制定了配套的师资队伍建设机制和教学管理制度，学生综合素质明显提高，特色专业建设点的毕业生初次就业率位居省内和国内同类专业的前茅。

2. 改善了教学条件

特色专业建设推动了教学条件的改善。在获得上级特色专业建设点经费的同时，各高校按照不低于 1：1 的比例配套建设经费。这些经费投入改善了专业教学条件。学校加强了教学硬件建设，购置和更新了教学仪器与设备，改善了实验和实训教学条件和环境，提高了实验室整体建设水平。有了充足的经费，一些专业引进了优秀师资，或派出教师外出进修学习，一支以学术带头人为领头羊，教学和科研综合水平高、结构合理的教师队伍正在形成。

3. 强化了教学工作的中心地位

特色专业建设的核心是通过教学培养出高质量的人才。通过特色专业建设，高校有效扭转了过去重科研、轻教学的倾向，强化了人才培养是高校的根本任务、质量是高校的生命线、教学是高校的中心工作的理念，突出了本科教学在人才培养中的重要地位和作用，有效营造了高校重视本科教学的良好氛围，使学校重视教学工作出现了崭新的局面。

4. 扩大了师生受益面

特色专业建设提升了师资队伍水平。教师增加了外出交流学习的机会，扩大了视野，增强了参与专业建设的积极性和主动性，提高了团队合作精神和教学水平。更为重要的是，特色专业建设使学生获益良多。通过对人才培养方案的重

构、课程改革、实践教学的强化等环节变革，学生在特色培养中提升了综合素质，增强了就业竞争力。

5. 带动了其他"质量工程项目"建设

特色专业建设促进了教学名师、精品课程、实验教学示范中心以及人才培养模式综合改革实验区等"质量工程"项目建设。如四川师范大学的 12 个国家级特色专业建设点汉语言文学、数学与应用数学、物理学、教育学、化学、工商管理、地理科学、英语、历史学、思想政治教育、经济学、教育技术学优势明显，覆盖面宽，在建设过程中，促进了该校写作学、语文课程与教学论、数学史、旅游学、多元文化教育学等国家级精品课程和双语教学示范课程建设建设，也促进了该校国家级教学团队——教师教育系列课程教学团队、国家级实验教学示范中心——师范生教学能力综合训练中心、国家级人才培养模式创新实验——西部地区跨学科复合型师资培养模式改革实验区等"质量工程"项目建设项目。高校涌现出一大批水平较高的"质量工程"标志性成果，促进了高校教学改革的不断深化、教学质量的不断提高。

6. 发挥了专业的示范、引领和辐射作用

通过特色专业建设，一些省属本科院校的传统优势专业脱颖而出。如四川农业大学的农学、动物科学、动物医学、林学等专业，四川师范大学的汉语言文学、数学与应用数学、物理学、教育学等专业，成都理工大学的地球物理学、资源勘查工程、勘查技术与工程等专业，西南石油大学的石油工程等专业，成都中医药大学的中医学等专业，西南科技大学的材料科学与工程等专业，这些专业都被立项为国家级特色专业建设点。在高校专业众多、层次不一的背景下，特色专业建设无疑为高校的专业建设树立了一个标杆。各特色专业建设点在建设过程中发挥示范和引领作用，一些专业群和相关特色优势专业不断产生和涌现，带动了四川省属本科院校专业整体建设水平的提高。

（二）基本经验

以特色专业建设带动教学、科研，提升学校的内涵发展水平，已成为本科院校发展的一个重要特征。四川省在特色专业项目建设中以教育部《关于加强"质量工程"本科特色专业建设的指导性意见》为基本原则，按照"强化优势，突出特色，改革创新，提高效益，示范带动，整体推进"的建设思路，突出特色专业建设符合四川区域经济社会发展和产业、行业需求，体现高校办学历史的积淀。在特色专业项目建设过程中，科学规划，有所导向，积极做好评审立项工作；求真务实，踏实建设，认真完成内涵建设任务；总结经验，凝练成果，切实发挥项目示范辐射作用。几年来，四川省属本科院校特色专业建设积累了如下基本经验：

1. 领导重视、调动广大师生参与的积极性是特色专业建设取得成效的关键

特色专业建设是一项系统工程，科学组织、调动人的积极性十分重要。四川省教育厅和各高校领导亲自挂帅，组成各级特色专业建设工作领导小组，组建相应的组织机构负责项目的实施和开展。四川省教育厅多次发文，要求各高校制定相关政策，加强特色专业建设力度，加大经费投入，在师资队伍建设、教学条件改善、教学改革和管理等方面给予重点支持。同时，进一步明确专业建设目标，切实制定和完善专业建设实施计划，尤其在课程改革与建设、教材建设、实验实习实训基地建设、教学改革与管理等方面加大工作力度，确保专业建设目标如期实现。各高校采取切实措施，遵循专业建设的基本规律，调动广大教师和学生投入特色专业建设工作的积极性，保证了特色专业建设取得较好成效。

2. 建立特色专业建设责任制是项目顺利完成的前提

要使特色专业建设取得成效，必须分工明确，责任到人。特色专业项目负责人是特色专业建设的第一责任人，其职责是依照专业建设的有关要求和规定，制订建设计划，组织建设工作，合理安排经费使用，把握计划实施进度，进行专业建设效果的自我评价等，保证建设任务的完成和目标的实现。各特色专业建设点所在学校则需要提供必要条件，所在院系负责人协调实施，教职工通力合作，必要时吸收学生代表参与专业建设规划的制定与评价。在分工合作、细化责任的管理中，特色专业建设才可能取得预期成效。

3. 制定切实可行的建设规划和具体建设内容是项目取得成效的基础

专业建设牵涉面广，持续时间长，制定切实可行的建设规划有助于使建设目标明确，工作有的放矢。同时，分解建设目标，明晰具体建设内容有助于使实施脚踏实地，层层推进。调查发现，建设规划切实可行，建设内容明确具体的特色专业建设都取得了良好的效果；相反，建设规划不切实际，建设内容模糊抽象的特色专业建设效果不佳。由此可见，制定切实可行的建设规划和具体建设内容是项目取得成效的基础。

4. 加大必要的经费投入是建设目标实现的基本保障

专业建设需要足够的经费作支撑。国家级、省级和校级特色专业建设点均有一定的专业建设经费，其中国家第一类特色专业建设点经费支持 20 万，国家第二类特色专业建设点经费支持 80 万，高校不低于 1：1 配套。这些必要的经费投入是建设目标实现的基本保障，有力推进了高校的特色专业建设。

5. 引入专业评估竞争机制是促进特色专业良性发展的有力措施

专业建设周期长，见效慢，注重专业评估，引入竞争机制是促进特色专业良性发展的重要措施。首先，在特色专业建设点立项上，要做到立项程序严谨、评审组织工作严格；在建设过程中，要建立过程评估机制，保障建设工作脚踏实地；在建设成效评估上，要达到评估指标明确，结论客观可靠。在专业评估的基础上，特色专业建设点宜实行动态管理。对于建设成效显著的特色专业建设点要给予奖励，对于建设成效较差的特色专业建设点要予以撤项，并有一定的惩罚措施。只有这样，特色专业建设才会走向良性发展的轨道。

6. 发挥特色专业的示范作用是促进专业结构优化的重要手段

　　特色专业建设的目的不仅仅是建设好立项的特色专业，还要注重发挥示范作用，带动其他专业建设同步发展。已有的经验表明，发挥特色专业"以点带面"的示范与辐射作用，有助于促进学校合理定位、发挥优势、明确重点建设方向，强化应用型人才培养目标，实现师资力量与人才培养质量的合理配置与优化；也有助于调整、优化专业结构，带动其他专业的建设发展，更好地为地方经济与社会发展服务。

三、四川省省属本科院校特色专业建设存在的问题

　　经过几年建设，四川省省属本科院校特色专业建设项目取得了明显成效，但也存在一些亟待解决的问题。

　　（一）特色专业的"特色"不够突出

　　一些高校特色专业"特色"不够突出，表现在：在人才培养方案上，与社会需求脱节，未能准确反映社会对高等教育和人才的现实与潜在的需求，较多地移植部属院校的改革举措，欠缺吸收、消化和创新；在培养目标上，结合地方经济和社会发展的需求以及学校的办学条件不够，人才缺少特色，大部分都定位于培养高级应用型人才；在培养模式上，基本上大同小异，没有本质上的差异；在课程设置上，存在着"后来的抄先上的"、"普通的抄名牌的"、"地方的抄中央的"，有能力、资源充足的学校多设课程，能力低、资源紧缺的学校少设课程，甚至还有因人设课现象。总的看来，一些省属本科院校特色专业的特色优势不明显，致使不同高校同一专业培养的人才差异性小，相互替代性强，在就业市场竞争激烈。

　　（二）特色专业建设项目与其他项目的边界较模糊

　　特色专业建设作为"质量工程"的一个建设项目，与师资队伍建设和实验实训基地建设紧密结合，也与教学团队建设项目、人才培养模式创新实验区等相关。但从"质量工程"项目评审的实际操作运行来看，由于特色专业建设与其他项目内涵与界限并不十分清晰，因此在很大程度上容易造成一个特色专业建设点立项后，其国家级教学团队、教学名师、精品课程、国家级实验教学实验区项目建设也占优势，出现"马太效应"。这直接导致各类项目经费集中在某些院校、某些专业上，经费可能有两次甚至多次的投入，但产生的绩效与一次的投入差别不大。

　　（三）立项评审和验收考核的方式单一

　　目前特色专业的评审较少分类型和层次，且指标体系设计单一，难以体现不同层次、不同专业、不同地域的高校的差异。四川省省属本科院校相比部委属大学在教学软硬件设施、学生生源等各方面均处于弱势，导致大部分特色专业为部

委属大学获得，挫伤了地方高校参与"质量工程"的积极性。表1、表2显示，在152个国家级特色专业建设点中，有66个为5所非省属高校获得，占43.4%，其他17所省属高校国家级特色专业建设点数量仅占56.6%；其中四川大学、电子科技大学、西南交通大学和西南财经大学四所教育部部属高校获得国家特色专业建设点56个，占总数的36.8%。省级特色专业建设点立项情况也是如此。在已经立项的356个省级特色专业中，上述4所高校有115个，占27.8%。值得指出的是，国家级、省级特色专业建设点立项实行限额申报。如四川省教育厅根据各校现有专业设置数量及科类分布情况，确定了各高校推荐特色专业限额，要求各校严格按规定的推荐名额申报，超过的将不予受理。从实际来看，各校基本上按照限额申报的数量确定了省级特色专业建设点。现在的问题是，这一限额的标准是什么？退一步讲，由于缺少政府、高校以外的第三方评估机构进行监督和评审，特色专业建设点立项的公平性、客观性也颇受质疑。

（四）全员参与特色专业建设的意识不够浓厚，学生的受益面需要提升

在四川省部分省属本科院校中，一线教师参与特色专业建设项目的积极性不高，究其原因，除了思想理念的转变有一个学习、理解、认同的过程之外，很多项目和荣誉由学科领域的知名学者、各种人才计划的承担者，或是行政领导掌握，这也严重挫伤了真正从事一线教学工作教师参与的积极性。另外，在高教资源不足、竞争态势激烈的环境下，一些省属本科院校为了获得更多的包括特色专业在内的国家级和省级"质量工程"项目，将主要精力放在人才培养质量以外的环节，如拉关系和做表面文章，势必背离了"质量工程"项目实施的宗旨，降低了学生的受益面。

（五）特色专业建设有科研化倾向

我国不少高校历来有重科研、轻教学的倾向，这一倾向也反映在特色专业建设中。在四川省省属本科院校内部，不少特色专业建设点要么以重点建设学科支撑，要么依托于重点建设研究基地。如此态势貌似一幅教学与科研相辅相成、欣欣向荣的景象，实则反映了立项评估标准或程序的偏差，体现了较严重的科研倾向，直接反映着特色专业建设点验收和评审几近于以科研这只"有形之手"来代替教学这只"无形之手"，致使特色专业建设变味成了"特色科研建设"。

（六）"重申报、轻建设"，缺乏有效的指导与监督机制

特色专业建设"重申报、轻建设"的情况在四川省省属本科院校客观存在。一些高校申报时有较多的包装成分或名人效应在内，申报获批后消耗了建设经费，却毫无建设效果。有些院校在申报时投入了大量人力、财力、物力做网页，但在评审结束后就将有关资源从网上撤除，或者是立项几年以来网页都没有更新

过，特色专业建设点没有起到特色专业应起到的引领、示范和共享的作用。此外，立项后的特色专业建设点在建设过程中缺乏有效指导、监控，项目的评估验收环节相对宽松，也在一定程度上造成了成果与资源的共享不理想。

（七）师资队伍薄弱、教学条件不足影响特色专业建设效果

特色专业建设离不开优秀的师资队伍和良好的教学条件。必须承认的是，四川高校尤其是省属本科院校的地理位置、工作环境、教学条件、生活待遇等方面和东部高校存在一定差距，学校引进高水平教学与科研拔尖人才和学科带头人难度较大，师资队伍中缺乏在国内有较大影响的学术带头人，没有形成强有力的教学团队，部分青年教师的教学水平有待提高，人才队伍建设成为特色专业建设发展亟须突破的瓶颈。从投入水平来看，在办学规模不断扩张的过程中，一些省属本科院校的生均教学用房、图书、仪器设备相对紧张，教室、实验室、实习基地等教学条件不足，学科专业经费投入尚有一定差距，也影响和限制了特色专业的发展速度和竞争实力。

第二节　四川省省属本科院校特色专业建设的思考与建议

高等学校特色专业建设是一项系统工程，有其自身的运行规律。认识特色专业的内涵，明确特色专业建设的内容，把握特色专业建设的原则，对于促进特色专业建设取得成效具有重要意义。在此基础上，结合四川省省属本科院校的实际，我们提出四川省省属本科院校特色专业建设的建议。

一、特色专业的基本内涵

什么是特色专业？这是特色专业建设必须明确的首要问题。只有明确了特色专业的内涵，特色专业建设才不至于无的放矢。

（一）特色专业的含义及特征

"专业"是一个多义词。《现代汉语词典》对"专业"的解释是"高等学校的一个系里或中等专业学校里，根据科学分工或生产部门的分工把学业分成的门类。产业部门中根据产品生产的不同过程而分成的各业务部门[1]"。中国高等教育中"专业"一词，"形成于1952年下半年，即新中国成立后第一次院系调整时期，完全是模仿前苏联教育的做法[2]"，"'专业'一词在当时的解释是'一行专门职业或专长'，是'培养高级专门人才的目标'[3]"。《教育大辞典》里，"专业"定义译自俄文，指"中国、苏联等国高等教育培养学生的各个专门领域。大

〔1〕中国社会科学院语言研究所词典编辑室. 现代汉语词典 [K]. 北京：商务印书馆. 1992：1518.
〔2〕大冢丰. 现代中国高等教育的形成 [M]. 北京：北京师范大学出版社，1998：100.
〔3〕王伟廉. 高等教育学 [M]. 福州：福建教育出版社，2001：136.

体相当于《国际教育标准分类》的课程计划（program）或美国高等学校的主修。根据社会职业分工、学科分类、科学技术和文化发展状况及经济建设与社会发展需要划分[1]"。这是一个比较完整的描述性的定义，说明了专业划分的依据，兼顾了中国、苏联与美国的特点，缺憾是不太明确，不是一个精炼的定义。我们认为，高等学校的专业是指根据学科分类和社会职业分工需要，分门别类地进行高深专门知识教与学活动的基本单位。这里的专业含义与人才培养相连，主要通过课程的科学组合实现人才培养目标。

所谓"特色"，指事物所表现的独特的色彩、风格等。它是一个事物或一种事物显著区别于其他事物的风格、形式，是由事物赖以产生和发展的特定的具体的环境因素所决定的，是其所属事物独有的。在一般意义上讲，"特"为"独特"或"杰出"之意，"色"指"景象"或"面貌"之意。按此解释，可引申出"特色"的三层基本含义：一是"人无我有"，即独特性或个性；二是"人有我优"，即杰出性或优质性；三是"人优我新"，即开拓性或创新性[2]。有人提出了高校的特色具有以下几个特征：一是独特性。独特即独有、特别，有着与众不同的个性，它从本校的实际出发，形成教育教学上的个性风貌。二是统一性。特色作为一个词具有高度的概括性、抽象性，但作为事物属性，又不是具体实在的。它可以是一种风格、一种色彩，也可以是一种方式、机制等等；它不是外加的，而是事物在自身的基础上形成并表现出来的；所谓"色彩"、"风格"等外在表现，同时又体现着内在的思想、理念、素质等等，它是在一定理念下追求的结果，是内在与外在的统一。三是先进性。特色是事物独特性、杰出性的体现，必然反映了事物发展状态，特色是标志，代表了事物在这一领域的发展进程及水平。四是科学性。特色应是在学校办学符合教育方针、教育规律和教育实际的前提下，顺应社会发展趋势，形成的较为科学、完整、系统的办学思想和管理经验。五是稳定性。任何特色的形成，都有一个积累、凝练、发展的过程。特色应能经受住时间的检验，成为学校独特性的传统，具有较深的社会影响，它标志着教育个性的定型和成就[3]。

结合上述论述，概括来看，特色专业即具有独特或杰出性的根据学科分类和社会职业分工需要，分门别类地进行高深专门知识教与学活动的基本单位。这是一个学理上的定义。教育部《关于加强"质量工程"本科特色专业建设的指导性意见》中界定了"特色专业"的含义，指出："特色专业是指充分体现学校办学定位，在教育目标、师资队伍、课程体系、教学条件和培养质量等方面，具有较高的办学水平和鲜明的办学特色，获得社会认同并具有较高社会声誉的专业。特色专业是经过长期建设形成的，是学校办学优势和办学特色的集中体现。"这一界定虽较为全面，但还有些抽象。

---

〔1〕顾明远. 教育大词典（第三卷）[K]. 上海：上海教育出版社，1991：26.
〔2〕董泽芳. 关于高校办学特色的思考 [N]. 光明日报，2002—04—22(3).
〔3〕张金贵，宁宣熙. 论品牌(特色)专业与高校核心竞争力 [J]. 经济师，2005(8)：3.

　　按照我们的理解，特色专业应具有如下基本特征。首先，特色专业应该是具有生命力、发展稳定、前景广阔的"长线"专业，容易形成竞争优势且较为成熟并已取得了一定的专业建设成果；其次，特色专业应该是专业师资队伍状况优良，教学基本设施齐全、先进，课程体系完善、科学，经费投入有保障，人才培养质量高；再次，特色专业能与时俱进，并且在专业建设的理念上有一定的独特性，在人才培养的手段上有一定的新颖性，在课程设置和学生知识与技能整合上有较好的科学性，在学生能力培养和技能训练上有一定的创新性，容易在全校乃至同类院校相同专业中起到示范作用。总体而言，特色专业要求具备一流的师资、一流的教学条件、一流的教学科研水平、一流的教学管理、人才培养质量高、毕业生就业率高、社会声誉好。在这一层意义上，特色专业属于优质教学资源，这是保证其能够对一定范围内同类专业的建设发展产生示范作用的基本前提。

（二）特色专业的衡量指标

　　"特色专业"是人为赋予的称号，因此，判断一个专业是否是特色专业就应有相对明确的标准。尽管教育部已经评审了六批特色专业建设点，但至今尚未出台一个较具操作性的特色专业认定标准。正因为如此，各地认定特色专业时的标准并不统一。如广东省高校根据对品牌专业（类似于特色专业）影响的因素，选取师资队伍、教学条件、教学管理与改革、水平与质量、效益与特色等5项为一级指标；高资历教师、教师数量与结构、队伍建设与综合素质、科研水平、教学研究、专业吸引力、学生创新能力、社会评价等17项为二级指标，并选取高资历教师、实验装备与教学、课程与教材建设、教学成果、人才培养质量和毕业生就业等6项指标作为核心指标；本专业拥有高资历教师的情况等44项为三级指标（观测点）。在重庆工商大学特色专业建设评估指标体系中，设定了5个一级指标：一是专业建设目标、思路与人才培养方案，二是师资队伍，三是教学条件，四是教学改革、建设与管理，五是人才培养质量和社会声誉；人才培养方案、教学设施建设、考试改革、教学管理、学位获得率、创新精神及实践能力、社会声誉等16项指标作为二级指标，并选取人才培养方案、队伍结构、科学研究与教学研究情况、教学设施建设、教学内容与课程体系改革、教学管理、基础理论与综合素质、创新精神及实践能力、社会声誉等9项指标作为核心指标[1]。四川省教育厅颁布的《高等学校本科特色专业建设点评审指标》包含建设目标与支持保障、师资队伍、教学条件、人才培养方案、教学管理、课程与教材建设、实践教学、人才培养质量和社会声誉8个一级指标，专业定位、教育理念、专业建设规划、支持保障、教师整体结构、师资培养、教师素质、教学设施、经费投入、人才培养目标、人才培养方案、专业建设管理、专业质量控制、课程建设、教材

〔1〕丁谦. 高等学校品牌专业的品牌特性研究〔J〕. 重庆工商大学学报（社会科学版），2009（2）：149-152.

建设、实践教学体系、实践教学内容、实习基地建设、实验室建设、人才培养质量、社会声誉、特色项目等 22 个二级指标。

上述各种指标设置虽较为全面，彼此也有许多相似之处，但在具体指标赋值上并不统一：有的侧重于看科研水平，有的侧重于看教学条件，有的侧重于看学生就业率，有的侧重于看专业社会影响。由于存在分歧，在实际操作中为了避免混乱，不少地方教育行政部门实行限额申报特色专业建设点，虽然这有利于操作，但名额分配的依据却颇受质疑。看来，很有必要制定一个可供操作的特色专业衡量指标体系。

二、特色专业建设的基本内容

从理论上讲，高校特色专业建设应该包括立项确定特色专业建设点、高校开展特色专业建设具体工作以及特色专业建设成效评估几个方面的内容。

（一）特色专业建设点的确定

从字面意义来说，"特色专业建设"可以从两个角度理解：一是该专业已经是特色专业了；二是该专业现在还不是特色专业，期望将其建设为特色专业。教育部《关于加强"质量工程"本科特色专业建设的指导性意见》提出："通过特色专业建设，探索专业建设实践，丰富专业建设理论，形成专业建设、人才培养与经济社会发展紧密结合的特色专业建设思路与人才培养方案，建成一批高水平、体现学校办学特色和教学质量的本科专业点。"就这一阐述来看，"特色专业建设点"的含义仍然较为模糊，可以理解为该专业现在已经是特色专业（至少有些特色），希望将其建设得更有特色。四川省教育厅在省级特色专业建设点确立时"特色专业建设点"的含义也比较模糊。在四川省教育厅《关于启动四川省本科院校品牌专业建设项目的通知（川教〔2005〕314 号）》[①] 文件中，既有将申报立项的品牌专业建设点称为品牌专业的提法，也有将品牌专业建设点建设结束、经验收合格后授予"品牌专业"称号的提法。看来，"特色专业建设点"的专业是否已经成了"特色专业"，难以找到确切的答案。

不管如何理解，一个专业被确定为特色专业建设点，它必须在同类院校中具有特色，也就是具有比较优势。从这个意义上说，特色专业建设点是优中选优，其建设基础本身比较良好，那些平庸的、没有优势的专业不能被确定为特色专业建设点。我国各级各类高校都拥有自己的人才培养目标和社会服务范围，共同构成了高等教育系统。不同的高校虽然设置有相同的专业，但经过高校结合自身实际的多年建设，相同的专业已经形成了不同的特色和优势，因此特色专业建设点

---

① 2006 年，四川省教育厅依据该文件确立了首批四川省品牌专业建设项目。2007 年，四川省教育厅《关于公布四川省本科高校特色专业名单的通知》（川教函〔2007〕511 号）将"去年由我厅审核公布的'省级品牌专业'，统一命名为'省级特色专业'"。可以认为，四川省教育厅《关于启动四川省本科院校品牌专业建设项目的通知（川教〔2005〕314 号）》是四川省省级特色专业建设的开始。

的确立不应只是盯着部属高校。尽管部属高校在办学硬件和软件上具有一定的优势，专业实力可能较雄厚，客观上特色专业建设点更多从中产生；但不可否认的是，地方属院校在适应地方经济和社会发展的过程中，也形成了不少具有特色和优势的专业。所以，特色专业建设点的确定不能只看学校级别，也不宜以指标分配的方式进行平衡，而应是在公平、公正、公开的基础上，遴选出真正具有特色的专业进行建设。

（二）高校开展特色专业建设的具体工作

特色专业建设最终需要落实在高校的具体行动上，因而明确高校开展特色专业建设的具体工作十分必要。众所周知，专业建设是一个复杂的系统工作，要开列出具体的工作内容十分困难，只能就其主要方面做出陈述。就学校层面而言，主要考虑专业设置、专业布局、专业结构的调整优化、重要专业的建设与扶持等宏观层面问题；就具体某一专业而言，主要包括社会展需求的追踪，制定专业培养目标与规格，制定专业教学计划、进行课程建设、材建设、实训基地建设、教学方法革新等内容，以提高教学质量为目标；就人才培养的角度来看（选一个用），涉及人才培养方案建设、课程建设、教学建设、师资队伍建设、管理制度建设等方面；从项目管理的角度看，特色专业建设包括专业内外部环境分析、特色专业项目的论证与确定、特色专业目标与战略的拟定、专业特色的识别与选择、专业建设与特色培育、建设评价与监控等环节；从人才培养的角度看（选一个用），特色专业建设由输入环节（生源、师源、资源投入）、过程环节（人才培养模式、课程、教学、组织与管理）和输出环节（学生成就、毕业率、就业率）三部分构成[1]。

教育部《关于加强"质量工程"本科特色专业建设的指导性意见》提出了人才培养方案的制订与优化、课程建设与改革、实验实践教学建设与改革、师资队伍建设、教学管理制度的改革与创新五个方面，基本涵盖了高校就具体某一专业开展特色专业建设的主要内容，概括起来，主要有以下几个方面：

1. 特色人才培养方案建设

专业人才培养方案是人才培养目标与培养规格的具体化、实践化形式，是实现专业培养目标和培养规格的中心环节，是人才培养的实施蓝图。特色专业建设要做优做特，必须在保持学校人才培养总体定位的基础上，体现出本专业的培养目标特色与规格特色，形成的具体人才培养方案要有相应的特色，在人才培养方案选择、课程体系的结构模式以及教学计划的修订上体现出本专业的特色。

2. 课程建设

课程是实现教学目的进而实现人才培养目标的重要载体，课程质量在人才培养中有着重要位置。学校关于人才培养的一切措施，最终都落脚于每一门具体的

---

〔1〕 李元元. 加强特色专业建设，提高人才培养质量 ［J］. 中国高等教育，2008(17)：25－27.

课程，通过课程教学来实现；同时课程质量的高低，又是学校教学水平的具体体现。因此各高校都将课程建设作为教学建设的重点内容。从广义上看，高校课程建设是一项涉及师资、学生、教材、教学思想、教学管理、教学方式、教学内容、教学手段等方面的系统工程（这里的课程建设取狭义，主要指课程体系与教材建设）。专业特色必定在课程建设和教材建设上有相应的体现。特色专业建设点要根据学校教学工作以及特色专业建设的需要，建设一批具有校本特色、先进适用的精品课程，并在优化课程结构、重组教学内容方面下工夫。特色教材和满足人才培养需要的新教材建设工作也是一项重要工作。由于特色专业建设具有独特性，可能缺乏现成的、公开出版的、合适的、针对特色培养的教材，往往需要教师结合教学实践和经验，以自编教材的方式来解决。

3. 师资队伍建设

"所谓大学者，非谓有大楼之谓也，而有大师之谓也"。教师是学校的主体，是学校办学的第一要素。没有一流的教师，就不可能有一流的大学，也难以创造一流的学科专业。特色专业建设必须坚持以人为本和"人才资源是第一资源"的理念，把师资队伍建设摆在突出位置，建立健全师资队伍建设的各种制度和激励机制，建设一支体现高校办学理念、敬业奉献的高水平特色专业教师队伍。

4. 教学硬件条件建设

巧妇难为无米之炊。教学硬件条件配备的数量和质量是打造特色专业的物质基础，也是完成教学计划和实现培养目标的前提。教学硬件条件建设包括教学基础设施建设（包括教室、实验室、实习基地、图书馆、运动场面积及体育设施）和教学经费投入的持续增长。特色专业建设点的立项前提是该专业已经有了较好的教学硬件条件，拨款投入建设只是对已有建设基础助一臂之力。虽有一定的拨款，但可以肯定的是，仅仅依靠划拨的特色专业建设经费是远远不够的。

5. 教学资源与实践教学建设

教学资源是指一切可以帮助学生达成学习目标的、物化了的、显性的或隐性的、可以为学生的学习服务的教学组成要素。它是为教学的有效开展提供的素材等各种可资利用的条件，通常包括教材、案例、影视、图片、课件等，也包括教师资源、教具、基础设施等。特色专业建设不能囿于学校已有的教学资源，要充分挖掘各种形式的教学资源为人才培养服务。实践教学是巩固理论知识和加深对理论认识的有效途径，是培养具有创新意识的高素质人才的重要环节，是理论联系实际、培养学生掌握科学方法和提高动手能力的重要平台。然而，我国高校在实施特色专业建设战略中，较为普遍地存在着重科研、轻教学，重理论知识传授、轻实践能力培养的倾向，这直接影响到大学生的应用能力和实践能力，直接影响到教育质量。因此特色专业建设应该在实践教学领域有所突破。

6. 教学管理制度建设

特色专业教学改革要求相应的教学管理制度的配套，为高素质人才培养以及学生个性化发展提供制度保障。特色专业教学管理制度要凸显特色就难免有不同于一般专业教学管理之处，要善于发现学生的优点并及时采取措施加以培养，充分保护和发展学生的个性。同时，对特色专业要赋予院、系、专业更大的专业建设和教学管理自主权，使其真正有权利保持专业的特色[1]。

（三）特色专业建设成效评估

特色专业建设成效评估是根据一定的目的和标准，采用科学的态度和方法，对特色专业建设的状态与绩效进行质和量的价值判断。客观的特色专业建设成效评估有利于保证特色专业建设正常、有序地开展，最终达成建设目标。就特色专业建设成效评估来看，以下几个问题必须理清：

1. 评估的主体是谁

评估的主体是谁也就是评价者由哪些人或机构构成？从教育评价学的角度看，评估主体构成应该是多元化的，为了保证评估的客观公正，必要时可以考虑由第三方来评估。以国家特色专业建设成效评估来看，教育部、财政部《关于批准2007年度第一批高等学校特色专业建设点的通知》提出："各地教育行政部门和中央有关部门（单位）要负责指导、检查、监督所属高等学校特色专业建设点项目的建设工作"，"高等学校特色专业建设点要填写《高等学校特色专业建设点任务书》（以下简称《任务书》）……项目承担单位按照《任务书》开展建设工作……质量工程领导小组办公室将根据《任务书》进行检查和验收①。"可见，高校的上级管理部门是过程评估主体，而"质量工程领导小组办公室"是特色专业建设成效评估的最终评估主体。由于国家特色专业建设尚未结束，"质量工程领导小组办公室"如何开展工作也不得而知。但可肯定的是，国家特色专业建设成效的评估参与者应该多元化，不应由几个人单方面说了算。省级特色专业建设成效评估及校级特色专业建设成效评估概莫能外。

2. 评估的内容有哪些

如前所述，特色专业建设内容众多，哪些可以纳入评估？哪些不必纳入评估？这是评估时无法回避的问题。目前的国家级、省级特色专业成效评估都是以"任务书"的形式来体现的。"任务书"一般包括建设目标、建设方案、进度安排、预期成果、学校支持与保障等几个方面的内容，这些内容的填写可虚可实，评估时很可能难以操作，因此需要规范和细化。

3. 评估的标准如何确定

评估标准是评估活动的基本依据，是评价者的价值观在特色专业建设成效评估中的反映。就目前来看，各级特色专业建设成效的评估标准便是申报单位填写上报的"任务书"，"任务"完成了则评估通过，否则不合格。现在的问题是，"任务书"是申报单位自己填写上报的，客观上形成了评估标准由被评估者自己

---

〔1〕 李俊等. 对高校如何开展特色专业建设的认识和思考［J］. 中国大学教学，2008(4)：59—61.
① 见教育部，财政部. 关于批准2007年度第一批高等学校特色专业建设点的通知(教高函［2007］25号).

确定的状况。更让人担心的是，"任务书"是申报单位在已经评上"特色专业建设点"之后填写的，这为申报单位自己降低任务难度提供了条件。由此看来，目前的"任务书"不能作为特色专业建设成效的唯一评估标准。如果非要以"任务书"作为特色专业建设成效唯一评估标准，此"任务书"也应在"特色专业建设点"确立之前填写。

4. 评估的方式如何操作

评估的方式不同，产生的影响也不一样。就特色专业建设成效评估来说，是定性评估还是定量评估？是过程评估还是结果评估？是选拔性评估还是发展性评估？是材料评估还是现场考察？这些都需要认真考虑。

三、特色专业建设的基本原则

高等学校特色专业建设的原则是遵循高等学校特色专业发展规律，在实践的基础上提出的高等学校特色专业建设应该遵循的基本要求。概括来看，高等学校特色专业建设应坚持如下原则：

（一）研究为先，改革为重

特色专业建设要遵循教育教学规律，以强化优势为根本，以突出特色为核心，充分体现学校办学特色和区域经济社会发展特色。因此高校要在学校专业建设中长期发展规划基础上结合专业自身特色进行综合研究和分析，再结合特色专业建设要求进行申报和建设。同时，特色专业建设没有可以照搬的经验和方案，其建设要求以改革创新为动力，增强专业建设的开放性、灵活性和适应性，提高办学效益，不断探索适应社会不同类型人才需求的人才培养模式，为社会提供高质量的专门人才。因此高校的师资队伍建设、课程建设和实验室建设、理论和实践教学体系建设等需要不断进行改革和创新，在改革中求突破和发展。

（二）主动适应，不断调优

主动适应就是要主动适应社会需求。目前我国一些地方高校专业建设的指导思想不明确，较多仿效部属院校或其他重点大学开设的成熟专业，而一些重点大学往往根据学科基础、师资力量和办学条件来决定专业建设，这种"供给式"、"学科—专业—课程"式的专业建设模式往往不能及时、准确地反映社会需求。因此特色专业建设要努力使专业建设回归到适应社会需求、形成良性专业生态、提高人才培养质量上来。同时，特色专业建设必须紧密跟踪社会、政治、经济、文化、科学技术发展的趋势，根据经济建设和社会发展对人力资源的需求，结合既有优势及潜在优势，适时调整专业结构及特色专业建设的方向，优化人才培养方案与模式，赋予原有专业特色以新的内涵和更优的品质，并创造条件发展出一批新兴特色专业，以不断提高专业的办学水平和竞争力。需要注意的是，特色专业的建设是一个长期积累的过程，在建设和运行过程中，要保持稳定性和动态性的统一。

（三）强化优势，差异化发展

特色专业是高校人才培养质量、教学水平和办学特色的集中体现和重要载体，是形成学校办学特色的最基本要素。在一定程度上影响着高校的办学类型和学科发展定位，决定着学校人才培养的学科领域和行业方向。高校应当把优先发展特色专业，并将保持特色、强化特色、创新特色作为学校专业建设工作的突破口，通过优势特色专业的建设带动相关专业的建设和发展，达到扶强带弱的目的，提升学科专业（群）建设的整体水平。所谓差异化发展，是指学校应根据专业办学历史、现有条件和发展潜能，集中力量重点发展专业的某些甚至某一特色，并和其他高校的同一专业保持一定的差异性。

（四）立项管理，检查验收

首先，要从学校发展的实际和定位出发，加强特色专业的调研论证与立项管理工作。论证内容应以社会需求为依据，从学校的学科门类、办学定位、服务方向和实际条件出发，对专业的社会背景、产业与行业背景、就业形势等进行深入地、有针对性地调查研究，并在调研论证的基础上制订科学的专业建设规划，对经学校专业建设指导委员会等机构审查通过的特色专业采取立项管理、专项经费支持的办法。其次，应建立和完善特色专业建设检查验收制度。借助检查，对适应经济和社会事业发展需要、办学效益好、人才培养质量高的特色专业给予表彰，并从经费、招生等方面予以优先支持；对那些未列入特色专业建设的专业，通过自我建设，成效显著，经检查合格后允许进入重点建设的层次；对那些建设成效差的专业，实行"黄牌"警告，从而建立和健全特色专业建设的竞争激励机制。

（五）硬件改善，软件跟进

进入特色专业建设点的专业一般具有较为优良的办学条件，教学管理水平也较高。在特色专业建设过程中，一方面要增加投入，进一步改善实验教学和实习实训的设备、图书资料配备等硬件条件。另一方面应在教学理念更新、人才培养模式改革、教学管理制度创新（如学分制推进、实验室开放管理、学生学业和创业指导等）等软环境建设上投注更多的精力，以全面提高特色专业的建设与管理水平及示范效应，为创新、创业型高素质人才培养提供更广阔的空间[1]。

（六）示范带动，整体推进

高校要通过特色专业建设，将保持特色、强化特色、创新特色作为学校专业

---

〔1〕 李俊等. 对高校如何开展特色专业建设的认识和思考［J］. 中国大学教学，2008(4)：59－61.

建设工作的突破口，强化专业建设实践成果的积累和有效经验的总结，以特色专业的建设找目标和差距，发挥特色专业的示范作用，带动相关专业的建设和发展，提升专业建设的整体水平。

四、四川省省属本科院校特色专业建设的思考与建议

目前，四川省省属本科院校已经立项了大批国家级、省级、校级特色专业建设点。如何使这些建设点取得预期成效，并发挥示范带动功能，加快高素质、创新型人才的培养，以满足四川省经济建设与社会发展对高级专门人才的需求，成为广泛关注的话题。依据上述论证，结合四川省高校特色专业建设的实际，我们尝试提出推进四川省省属本科院校特色专业建设的建议。

（一）创新特色专业建设点遴选机制

特色专业建设点遴选是特色专业建设的第一步。能否选出真正具有优势和特色的专业进行建设，不仅关系到该专业建设的成效问题，更关系到整个专业建设生态的问题。特色专业建设点遴选得好，就会发挥出示范作用，带动其他专业的发展；相反，如果遴选出的特色专业建设点自身就没有特色，不仅看不到预期的建设成效，而且会对高校专业建设带来负面影响。为此，需要创新创新特色专业建设点遴选机制。具体说来，特色专业的遴选需要逐级申报，通过评审申报表格和答辩的方式产生。如四川省教育厅规定，所有省级特色专业建设点必须从校级特色专业中产生，所有国家级特色专业必须是省级特色专业建设点才能申报。在具体操作上，四川省教育厅综合各校学科分布情况、专业建设情况及布点数、学生数等因素每年动态下达本科高校省级特色专业建设点分学科配额、申报配额，对于符合省级特色专业建设规划、建设目标和内容的专业审定后即予以确认。全省国家级特色专业评委均由"211"大学国家或省级名师、教务处长、本科"质量工程"国家级项目负责人三部分人员组成，参评学校人员不进入评委，评委们依据《四川省普通高等学校本科特色专业建设点评审指标》审定学校申报材料、安排专业负责人现场陈述答辩，评审结果向社会公示。这些程序相对而言较为完善。不过，在已有的特色专业建设点遴选中，由于实行限额申报，部分省属本科院校限额太少，只能做校内平衡；还有一些推荐上去的专业建设虽有特色但学校整体实力被评委认为不够而被拒之门外；此外，专业建设点确定也有较多的包装成分或名人效应在内。这一方面源于评委们大都来自重点高校，对特色专业的认识更多停留在学校实力上；另一方面源于评委们评阅时间太短，评阅方式简单，在很短的时间内看几页申报表，问几个问题就打分，当然无法核实信息的真实性，更多只能凭感觉和看有无名人来打分。因此必须创新特色专业建设点遴选机制。首先，在评委的选择上，应该有来自各个层面高校的专家参与。由于特色专业的办学质量涉及社会和用人单位的需求和认可，所以有必要吸收一些政府机关、事业单位、企业等人力资源需求和管理相关部门参与评价。为了避免名人效

应，可以考虑请部分省外高校专家参加评审。其次，评审前应组织专门人员核实申报表填写信息是否属实，对弄虚作假者严肃通报；如有必要，可以将申报同一个专业的申报表在申报该专业的单位之间传阅，这样不仅可以互相监督，而且可以互相学习。再次，评价和考核的标准也要尽可能量化，以便做到客观公正。

（二）加强特色专业建设过程监督

特色专业建设点立项后，过程监督十分重要。加强特色专业建设过程监督，就是要克服立项后的特色专业建设点缺乏有效指导、监控，项目的评估验收只看结果的弊端。目前，省级及省级以上特色专业的认定、评价和考核由教育主管部门来进行，校级特色专业由学校内部批准建设和评价考核。需要注意的是，特色专业的称号不应是终生的，应规定一定的有效期，并建立一种淘汰制度和滚动机制，优胜劣汰，对不合格者淘汰出局，以利于激励和约束特色专业建设部门保持和巩固特色，并给新建特色专业以机会和动力。特色专业的评价指标应和一般专业的评价标准有所差别，比如对于定位为就业导向的应用型特色专业，就不一定要用学生考取研究生的比率高低来衡量办学绩效。主管部门应定期向社会公布特色专业点的建设和评价结果，以利于考生报考和督促学校努力提高特色专业办学水平。由于外部环境和内部条件的变化等多种原因，专业建设和运行过程中，可能会出现一定的偏差。因此，特色专业建设和运行过程中，学校、社会和主管部门要对建设情况进行监控，以保证专业的建设和运行，能够和建设计划保持动态适应。学校可以成立特色专业指导委员会负责监控，其成员由政府机关、事业单位、科研院所、企业、咨询机构等有关部门的专家组成，监控内容包括：专业建设是否按照计划进行，是否达到预定目标，社会知名度和美誉度是否得以提高，特色专业建设中的教学资源分配和利用情况如何。对于特色专业建设和运行中出现的问题，监控部门要加以分析，找出偏差出现的原因，如属于可控制的不利变化，要督促专业建设部门尽快加以纠正[1]。当然，加强过程监督并不是忽视结果评价。在结果评价上，目前只落实签订了"任务书"，如教育部对现有的国家特色专业建设点只落实签订了任务书，但在验收时是否就完全按照各专业自定的任务书中的任务为准尚没有明确。从理论上讲，特色专业建设成效评估不应只看"任务书"填写的任务是否完成。但如果根据统一的专业建设评价体系进行检查验收，则特色专业很可能会失去"特色"。如果非要以"任务书"作为特色专业建设成效唯一评估标准，此"任务书"也应在"特色专业建设点"确立之前填写。

（三）准确定位"特色"

有一种论调认为，在目前国家统一的专业设置政策下，省属本科院校的学科

〔1〕 孙霞. 浅析地方高校特色专业建设的一般过程 [J]. 科技信息，2008(31)：531，544.

和专业只能向部属院校学习，所以根本没有优势，也谈不上特色。这种认识是偏颇的。虽然不同层次的高校有相同的专业是客观现实，但是，专业本身的内涵是十分丰富的，其人才培养形式和内容也会多种多样。与部属院校相比，省属本科院校的办学面向、办学传统和办学资源整合等影响人才培养的因素并不完全一样。只要认真挖掘，一定会找到自己的优势和生存空间。美国拥有三千六百多所不同类型的学院和大学，提供不同层次的学位课程和非学位课程，各校为了招揽学生求得生存，纷纷挖掘自己的特色和优势。其中的办学理念是值得借鉴的。省属本科院校盲目模仿的结果是丢掉自己的特色，只能跟在部属院校的身后亦步亦趋，最终失去学校的核心竞争力。因此，在认真分析的基础上，省属本科院校必须找准和提炼出自己的特色专业的特色定位。

特色专业定位不是盲目的，要根据人才市场需求现状和发展趋势，能够充分发挥自己的教学资源和能力优势，在广泛的社会调查和对人才市场科学预测的基础上进行专业方向选择，一般选择一个（不宜过多）方向作为自己的发展方向并进行特色定位。任何一所高校都难以做到全方位的全面发展，省属本科院校尤其如此。省属本科院校的专业由于所处的外部环境，以及自身对教育资源的占有和办学水平的限制，科学合理的进行定位显得尤为重要。同时，省属本科院校专业定位又有其自身的特殊性。要从学校实际出发，着重考虑"软实力"，做好自身特色及发展目标定位。具体说来，以下几点是需要考虑的：首先，省属本科院校的特色专业应体现"地方性"。省属本科院校办学宗旨就是面向地方，为地方经济建设培养急需的生产、建设、管理、服务的一线人才，专业建设要充分依靠地方的现有条件和优势条件来开展。其次，特色专业要凸显"实用性"。省属本科院校的专业建设除了要考虑经济发展的需要外，还要考虑毕业生择业需求和就业导向。特色专业的设置要通过对社会发展背景（包括社会总的需求情况、经济社会发展需要及本地区支柱产业、经济发展规划等）、行业背景（包括现有行业运行状况、技术人员的数量和结构，以及对本专业人才的需求量等）进行充分的调查研究和科学周密的分析，并组织专业委员会对人才需求和专业设置的必要性与可行性进行论证。再次，特色专业要具有"口径适度、宽窄并存"的"适合性"特点，以满足时代发展、社会职业岗位的外延和内涵不断拓展的需要。要研究社会分类的变化，根据各职业岗位的特点，选择具有教育的效益性、教学的稳定性、生源的充足性的专业作为特色专业。最后，特色专业要注重"复合性"。"复合性"是指充分利用已有的资源优势实行专业复合，可以是不同专业复合成新专业，或将专业知识与专业技能复合；也可根据岗位需求变化，将同类或不同门类的专业复合。这样既节约人力，又不浪费资源，可使毕业生所学内容更广、更宽，同时也拓宽了择业领域。

要使特色专业的特色定位更加合理化、科学化，应遵循以下几项原则：其一，需求与条件相结合原则。省属本科院校开展特色专业建设，首先依据社会对人才的需求，以市场需求为出发点、立足点，同时结合学校的现有条件和师资力量来建设，否则专业的特色性就无法体现。在经费、人才和硬件条件有限的情况下，专业建设不能搞平均主义，更不能以行政命令的办法"钦定"。应当坚持"有所为，有所不为"的专业发展战略，理清学校专业的基本状况，把那些社会需求旺盛或公益性功能强，师资队伍结构优良和学术梯队整齐，学术研究氛围浓郁，生源与就业前景良好，人才培养质量和社会声誉高，专业建设基础厚、发展后劲足，具有较强竞争力的专业作为特色专业来建设。其二，适度超前原则。特色专业的建设应考虑当前行业及岗位（群）对工程实践及技术应用型人才的需求，又要有长远眼光，应走在经济建设的前面，通过调研，将未来具有潜力的专业作为特色专业，因为任何一个专业都有一个成立、成长、成熟、衰落的周期，如果一个特色专业在其建设的最好时期迎来需求高峰，其专业特色就愈加鲜明。其三，校企合作原则。高校与企业（行业）相结合实现资源共享、优势互补、互惠互利，是企业（行业）发展的需要，也是学校发展的需要。省属本科院校应加强与当地企业（行业）的合作，开展特色专业建设，通过合作不仅有助于降低教育成本，提高培养质量，而且有利于解决学生的就业问题，增强企业的实力，扩大学校的影响。

　　四川师范大学国家级特色专业教育学专业的特色定位值得借鉴。本专业立足西部尤其是四川省民族众多、文化多样、平原与山地并存、经济和教育发展不平衡的现实，强调在一般教育学知识的基础之上融入跨区域（包括城市地区、农村地区和民族地区）、跨文化（中华民族多元一体的跨文化理解与建设）的理论与实践知识，让学生具有多元文化素养，具备在不同区域、不同文化的社会环境中都能自觉运用教育科学服务于社会的实践能力。该专业将"跨区域、跨文化"作为最核心和最根本的特色。这个特色不仅存在于教育理念中，更是渗透在人才培养思路、过程和效果之中。具体体现在：①培养思路的"跨区域、跨文化"，针对不同区域、不同文化特点，本专业培养的人才能够完成反贫困和中华民族多元一体和谐社会建设的重任。②培养过程的"跨区域、跨文化"，该专业通过设置反映不同区域、不同文化特点的课程，在教学置换基地实施"顶岗实习"，以及本科生"导师制"等举措，凸显专业特色。③培养效果的"跨区域、跨文化"，专业成立49年来，从城市到农村，从内地到民族地区，从教师到研究者，该专业培养的人才遍布四川各地各个层次，涌现出以北京师范大学博士生导师毛亚庆教授为代表的一批学者，以中国十杰青年志愿者、成都五十二中校长马海军为代表的一批优秀学校管理者，以拉萨师范学校教导主任普布泽仁为代表的一批民族地区教育骨干，以《中国教育报》四川记者站记者李益众为代表的一批教育传媒工作者[1]。

　　（四）优化人才培养方案

　　优化人才培养方案是特色专业建设的核心内容，也是特色专业建设的重点和

---

〔1〕 杜伟，张子照. 本科教学质量工程建设与探索［M］. 北京：科学出版社，2010：168.

难点。一般来说，构建科学、合理的人才培养方案需要具备三个基本要素：一是要选择构建培养方案的主线；二是要根据不同的学科专业，选择课程体系的结构模式；三是选择适当的技术路线对教学计划进行具体的修订[1]。因此特色专业人才培养方案的优化可考虑从上述几方面入手。

培养方案主线是旨在让学生形成合理的知识、能力、素质结构而设计的一种发展线路或者路径。随着社会的不断发展，社会对人才需求发生了根本性变化，要求人才知识面宽，应变能力强，开拓能力强，并具备多种素质特征。省属本科院校特色专业需要从学科发展的综合化、整体化高度来重新审视人才培养过程，所培养的人才既要具有共性，又要具有个性，具有较强的创新精神和实践能力。因此，构建人才培养方案应当从以往的以"学科本位"为主线转变到以"融传授知识、培养能力和提高素质为一体"作为构建特色专业培养方案的主线。不同科类的专业要考虑是选择"以设计能力为主线"，还是"以创新设计为主线"、"以培养综合设计能力为主线"设计人才培养方案的问题，根据各自学校特定的办学类型、办学层次、人才培养目标、专业布局、师资条件、学生特点等来设计，并有所侧重，以形成百花竞放的多样化的人才培养模式。

专业培养方案的结构模式，既指专业课程体系的结构模式，也指教学计划的结构模式，即指按照什么样纵向关系及横向联系排列组合各类课程，这是构建培养方案的重要问题。我国传统本科教育为适应专才教育培养模式，课程设置以"学科本位"为主线构建，一般采用"楼层式"（基础课—技术基础课—专业课—专业方向课）或者"平台式"（公共基础平台—专业大类基础平台—专业课程平台）结构模式。这一模式越来越暴露出对学科综合化与个性需要照顾不足的弊端。省属本科院校特色专业培养方案的结构模式可考虑"按学科大类招生、宽口径分流培养"、以"融传授知识、培养能力与提高素质为一体"的课程体系结构模式。这种模式将普通教育课程、专业教育课程、学科和跨学科教育课程整合在一起，适应了特色人才的需要。

技术路线选择以专业培养目标与培养规格为基点。特色专业建设可考虑以"融传授知识、培养能力和提高素质为一体"为技术路线选择主线，构建出一个整体优化的培养方案。目前有一种倾向，认为学生缺什么就应该开设怎样的课程弥补什么，如要提升学生的综合素质，就要增设体现综合素质的课程。事实上，学生素质的培养不一定要增设课程，而是综合培养的结果。在普通教育平台加强学生基本素质的培养，包括思想政治素质、文化科学素质、身体心理素质的培养，而把包括业务素质的综合素质的培养贯穿于整个人才培养过程中。综合素质培养的主要渠道是课堂教学，包括实践教学，因而主要是通过教学内容的选择与教学方法的提高进行素质教育的实施。在普通教育平台上的人文社会科学基础模块与数学自然科学基础模块中增加若干门少学时的课程，对学生进行有针对性的

---

〔1〕　曾东梅等. 专业人才培养方案的构建 [J]. 清华大学教育研究，2002(5)：98—101.

美育、文化素质教育、科学素质教育，以提高学生的美德和文化素质、科学素质，也是必要的[1]。因此从实质上看，上述技术路线已经把以提高学生素质融入理论教学体系与实践教学体系。这一以"融传授知识、培养能力和提高素质为一体"的技术路线选择主线，贯通了理论教学体系与实践教学体系的紧密联系，使知识的传授与能力的培养相辅相成，把学生素质培养贯穿了理论教育与实践教学的全过程，有助于培养出高质量的人才。

概括来看，四川省省属本科院校特色专业在优化人才培养方案时，要根据四川乃至西部经济社会发展对各类人才的需求，明确人才培养目标定位，体现先进科学的专业教育思想，按照"厚基础、宽口径、重应用"的专门人才培养的总体要求，注重及时吸收、整合、提炼所依托学科的学术成果，洞察学科发展前沿与发展动向，构建能充分激发学生学习主动性和创新精神，使学生特长得到充分发展，知识、能力、素质有机结合，富有时代特征的多样化人才培养方案。同时深化专业设置、学籍管理制度改革，进一步推进学分制建设，探索建立跨专业、跨院系、跨学校修课制度；建立健全双学位、主辅修制等教育管理制度，为实现这种培养方案提供保障。

（五）推进课程改革

地方本科院校应该依据创新型人才的培养目标要求，按照"整体设计、系统整合、加强基础、拓宽口径、注重素质、强化实践、优化结构、突出特色"的方针，进行课程结构的调整，合理确定基础课程与专业课程、必修课程与选修课程、理论教学与实践教学的比例，形成结构合理、特色鲜明的课程体系。按学科大类培养，打通基础平台，强化学科基础，增强发展后劲。整合优化平台课程体系与教学内容，提高学科基础和公共基础课程教学质量，突出专业主干课程，柔性设置专业方向，增加选修课程数量和比例，鼓励学生根据自己兴趣和特长，做到"术业有专攻"，实现个性化培养；按照特色专业人才的核心要求，形成强大的专业主干课程体系；设立和完善研究方法课程群，帮助学生构建知识体系和活的整体概念、学科研究方法；校内相关学科领域专家教授开设前沿特色课程，紧密结合行业发展需求，及时将相关行业的新科技、新理念等学科前沿内容引入课程，促进学生在现代化、国际化视野下发展自我。在进一步整合优化实践教学体系的基础上，将基础性、提高性、综合性三个层次大学生创新试验计划项目固化到培养方案中，系统进行科学研究训练，培养学生实践能力和初步的科学研究能力。同时，深化课程教学领域内的各项改革，建立健全有利于促进课程开发、改革与建设的课程管理制度和保障机制，创建以国家级、省级精品课程为龙头的特色专业课程群；在教学内容上，要把为人的发展服务与为社会发展和经济建设服务统一起来，体现四川及西部经济社会发展对人才的知识、能力、素质结构以及

---

〔1〕曾冬梅等. 专业人才培养方案的构建［J］. 清华大学教育研究，2002(5)：98—101.

学科发展的要求，将行业与产业形成的新知识、新成果、新技术引入教学内容，整体设计教学内容，避免课程间教学内容的简单重复。

鉴于本科专业的培养计划，各专业的全国教学指导委员会都有比较明确的方案，在教学时数、课程的设置和数量等方面都有相应的一些限制，因此如何在有限的空间里实现自己的特色培养是需要解决的难题。这就需要在保证人才培养基本质量的前提下，利用本校的学科优势，打破学科壁垒，在遵循学科专业发展规律和人才培养规律的基础上，积极开展跨学科设置本科专业的试验试点，整合不同学科专业的教育内容，优化课程体系，这也是打造特色专业的一种可行的条件。

课程改革与教材建设如影随形，教材建设要力求能跟上社会发展的要求，应根据新的课程先进模式编写与之相适应的教材。当然，现代社会知识更新的速度越来越快，教材的编写与出版时间难以跟上知识更新的速度，教材知识的落后已是屡见不鲜。因此，教师应该在备课的时候及时补充教材上缺失的新知识。同时，教学中应选用高质量教材，要瞄准本专业的国际先进水平，引进、消化和使用国际优秀教材，努力与国际主流教材建设保持同步，拓宽学生国际视野，增强学生国际竞争力。在教学方法与手段上，要重视学生的个性发展，因材施教。突破以知识传授为中心的传统教学模式，探索以能力培养为主的教学模式，推广使用现代信息工具的教学方法，推进启发式教学，采用探究式、研究性教学等新的教学方法。

（六）强化实践教学建设

特色专业实践教学改革的目标是建立能充分体现特色的实践教学体系。为此，一是要加大经费投入，制订并实施与学科专业建设规划相配套的实验室建设规划，根据学科专业建设的要求，有计划、有重点、分步骤地建设一批设施齐全、装备先进、管理规范的专业实验室，不断发展和完善实验条件，满足实践教学需要；同时，要充分发掘和利用包括校外基地在内的各种现有教学资源。二是要改革创新实验教学内容和实验教学方法，建立基础实验、综合性实验、创新性实验、研究性实验等多种实验构成的实验教学体系。通过精选实验内容，为学生留有发展个性、开拓思维的空间；通过基础实验，培养学生科学实验的精神和方法，训练严格严谨的工作作风；通过开发综合性和设计性实验教学项目，以实验任务书取代实验指导书，增强学生自主学习的能力；采用实验室开放形式，做到内容开放，时间开放，学生自主选题，在教师指导下完成设计，以多种手段培养学生的实践创新能力。三是加大大学生创新性实验（实践）计划以及创业实践工作的实施力度，提倡实验教学与科学研究相结合，开设一些综合性、设计性实验项目，创造条件让学生较早地参与科学研究和创新活动，激励学生提高创新意识，培养创新与实践能力。四是要拓宽特色专业学生校外实践渠道，与社会、行业及企事业单位共同建设实习、实践教学基地，确保实习的时间和质量，推进教育教学与生产劳动和社会实践紧密结合。五是要建立学校、用人单位和行业部门共同参与的学生考核评价机制。六是要注重教学改革及成果运用，本着边改革、边建设、边运用的原则，将改革成果不断运用于教学与人才培养之中，达到理论与实际、研究与实践的统一。七是依托各级实验教学示范中心，集中开展实验教学。如四川师范大学的教师教育类特色专业依托国家级实验教学示范中心——师范生教学能力综合训练中心，构建了"能力培养层次化、课程设置模块化、实验教学开放化"的实验教学体系，完善了实验教学平台，着力培养师范生的教学基本能力(包括教师职业语言能力、教师书写技能、教师仪态着装技能、中学生心理教育能力、现代教育技术应用能力、中学课堂教学能力、中学实验教学能力等7种教师职业必备的基本能力)和综合创新能力(包括中学实验创新设计能力、中学课程资源开发能力、自制实验教学仪器能力、学科竞赛及指导能力等4种创新能力)，取得了很好的建设效果。

　　在强化实践教学建设与改革中，应树立产学研结合理念，指导特色专业建设工作。特色专业具有较强的时效性，随着科学技术的发展，知识更新的周期越来越短，特色专业唯有通过创新促进自身价值的累积和提升，才能实现长远发展。加强专业建设的宗旨是提高学校服务地方经济和社会发展的能力，专业建设的水平也必须通过社会加以检验。特色专业应在外延与内涵的结合上进行前瞻性和改造性适应，树立产学研结合理念，指导专业建设工作。首先，应根据社会需要不断调整和创新，增加新的内涵，积极拓展专业发展的空间。其次，以产学研结合为主线，以特色办学为目标，推进教学改革，优化课程体系，培育专业竞争的操作能力。专业应当根据经济技术的变化构建新的知识、能力和素质结构体系，形成多样化的教学模式及人才培养模式。再次，根据用人单位对人才培养的素质要求，不断修订、完善课程教学计划与教学内容，明确专业教学目标、教学内容、重点、难点，突出把理论应用于实践的知识生长点，把分类培养与岗位群就业结合起来，形成具有特色的课程体系，并使之与经济社会发展需要同步或超前。最后，应打破传统办学模式的束缚，积极开展与国内外有关机构的合作办学，提高专业教育资源及其特色的无形资产资源的整体效益，促进专业和学校的发展。建立教学与科研的互动机制，促进教学研究与科学研究的有机结合，充分挖掘专业发展新的生长点，提高专业的可持续发展能力[1]。

(七) 突出师资队伍建设

　　良好的师资队伍是特色专业建设的重要保障。地方本科院校在推进特色专业建设的进程中，必须采取措施大力提高教师队伍的整体素质，着力构建一支师德高尚、结构合理、素质优化、可持续发展的特色专业教师队伍。以下措施有助于推进特色专业师资队伍建设。一是推进教学名师建设。确保德高望重、学术造诣

---

〔1〕 王玉霞. 高校品牌特色专业建设研究 [D]. 扬州大学硕士学位论文，2009.

高的教授在本科人才培养中发挥重要作用，促进本科教育质量的提高和优良教风、学风和校风的养成。在积极推进国家和省级教学名师建设的同时，可以从学校选拔一批授课方式灵活，多采用实践教学、案例教学等手段，教学效果好，具有良好师德的教师作为校级教学名师。同时，提高教学名师的待遇，对教学名师进行动态选拔。这样可以带动更多的教师提高教学水平，从而提高特色专业师资队伍总体教学水平的提高。二是建设特色专业教学团队。围绕人才培养目标和课程模块设置，建立教学团队，鼓励教师合作。发挥老教师的"传、帮、带"作用，帮助青年教师改进教学方法，提高青年教师的教学质量。大胆选拔和培养思想活跃、年富力强、治学严谨、在学术界崭露头角的青年学术骨干，鼓励他们提高学历层次，帮助他们申请科研课题和项目，组织和带领青年教师协同攻关，支持青年教师参加国内外学术会议。尽可能让他们承担一些重要任务，特别是基础性研究、高新技术和科技攻关项目，把他们放在关键岗位，让他们在良好的环境中快速成长。三是在人才引进上向特色专业倾斜，在人员配备上向特色专业靠拢，努力促进教师不仅具备较强的专业理论素养，而且在操作技能传授方面是能工巧匠。此外，要注重兼职教师队伍建设，从生产、管理、服务等一线聘任一定数量的兼职教师，积极聘请国内外著名专家学者和高水平专业人才承担教学任务和开设讲座。

第五章　四川省省属本科院校实验教学
示范中心建设问题研究

近年来，通过教育部国家级实验教学示范中心建设的引领与带动，各省市相继加大投入，建设了一大批省级实验教学示范中心，高校实验教学改革与实验室建设步入一个新的发展阶段。教育部于 2010 年 7 月正式颁布《国家中长期教育改革发展规划纲要》，启动了新一轮"质量工程"建设。此时，准确把握实验教学示范中心的建设特点，进一步明确下一阶段实验教学改革与实验室建设的工作重点，必将有力地促进高校实验教学改革与实验室建设的深入开展，这对提高实验教学质量、乃至整个高等教育人才培养质量意义深远。

第一节　四川省省属本科院校实验教学
示范中心建设情况分析

自实验教学示范中心建设项目实施以来，四川省教育厅精心组织，各本科院校积极申报，大力建设，四川省属本科院校目前已经建立起了国家级、省级及校级三级实验教学中心建设体系，取得了一定的建设成效。

一、四川省省属本科院校实验教学示范中心建设现状

2005 年教育部国家实验教学示范中心建设项目启动，截至 2010 年 10 月四川省内的国家级实验教学示范中心建设点达 24 个。四川省于 2006 年启动了本科院校实验教学示范中心建设项目，截至 2010 年 10 月省内共有 36 所本科院校获得四川省省级特色专业建设点，覆盖了 6 所非四川省省属高校、25 所省属高校、5 所独立学院，其中有 12 所本科院校（包括 4 所部属高校和 8 所省属高校）获得了国家级实验教学示范中心建设立项，获得国家资助资金达 120 万以上。国家级示范中心立项数占到四川省级实验教学示范中心建设总数的 11%，涵盖电子、通信、计算机、生物、化学、机械、力学、土木、物理、中药、医学、动物、地质、材料、警务、教育、考古、交通、经管、文科、工程训练等类别。四川省教育厅在全省立项建设了 108 个实验教学示范中心，各高校还设立了超过了 200 个校级实验教学中心和工程实践（实训）中心，四川省高校已经建立起了国家级、省级及校级三级实验教学示范中心建设体系。

表 5-1　2005－2009 年四川省本科院校国家级实验教学示范中心建设点立项情况统计表

序号	学校名称	2005 年	2006 年	2007 年	2008 年	2009 年	合计
1	四川大学	0	1	2	1	2	6
2	电子科技大学	1	0	1	1	0	3
3	西南交通大学	0	2	2	1	1	6
4	西南财经大学	0	0	0	1	0	1
5	成都理工大学	0	0	0	1	0	1
6	四川农业大学	0	0	1	0	0	1
7	四川师范大学	0	0	0	0	1	1
8	西南石油大学	0	0	0	1	0	1
9	西南科技大学	0	0	0	1	0	1
10	成都中医药大学	0	0	1	0	0	1
11	攀枝花学院	0	0	0	1	0	1
12	四川警察学院	0	0	0	0	1	1
	合计	1	3	7	8	5	24
	省属本科院校获项目数	0	0	2	4	2	8

资料来源：高等学校本科教学质量与教学改革工程网站 http：//www. zlgc. org/index. aspx。

表 5-2　2005－2009 年四川省本科院校国家级实验教学示范中心建设点立项情况一览表

序号	学校	中心名称	国家级批次
1	电子科技大学	电子技术实验教学示范中心	2005
2	四川大学	生物基础课实验教学示范中心	2006
3	西南交通大学	机械基础课实验教学示范中心	2006
4	西南交通大学	基础力学基础课实验教学示范中心	2006
5	四川大学	综合性工程训练中心	2007
6	西南交通大学	普通物理基础课实验教学示范中心	2007
7	西南交通大学	电子信息基础课实验教学示范中心	2007
8	成都中医药大学	中药学教学实验中心	2007
9	电子科技大学	计算机实验教学示范中心	2007
10	四川大学	口腔医学实验教学中心	2007
11	四川农业大学	动物类实验教学中心	2007
12	西南石油大学	基础化学实验教学示范中心	2008
13	成都理工大学	地质工程实验示范中心	2008
14	西南财经大学	经济管理实验教学示范中心	2008
15	西南交通大学	土木工程实验教学中心	2008
16	西南科技大学	工程训练与创新实践教学示范中心（综合性工程训练中心）	2008

续表

序号	学校	中心名称	国家级批次
17	电子科技大学	通信与信息系统实验教学中心	2008
18	攀枝花学院	材料科学实验教学中心	2008
19	四川大学	临床技能实验教学中心	2008
20	四川警察学院	警务科技实验教学中心	2009
21	四川师范大学	教师教育基础实验中心（师范生教学能力综合训练中心）	2009
22	西南交通大学	交通运输实验中心	2009
23	四川大学	考古学实验教学中心	2009
24	四川大学	文科综合实验教学中心	2009

资料来源：高等学校本科教学质量与教学改革工程网站 http://www. zlgc. org/index. aspx。

表 5-3　2006—2010 年四川省本科院校省级实验教学示范中心建设点立项情况统计表

单位：个

序号	学校名称	2006 年	2007 年	2008 年	2009 年	合计
1	四川大学	5	4	3	2	14
2	电子科技大学	3	2	2	1	8
3	西南交通大学	5	2	2	1	10
4	西南财经大学	0	1	2	0	3
5	西南财经大学天府学院	0	0	0	1	1
6	中国民用航空飞行学院	0	1	0	1	2
7	成都理工大学	1	2	1	2	6
8	四川农业大学	1	2	2	1	6
9	四川师范大学	1	1	1	0	3
10	西华师范大学	0	1	1	1	3
11	西南科技大学	1	2	2	1	6
12	西华大学	1	2	2	1	6
13	西南石油大学	1	2	0	1	4
14	成都中医药大学	1	1	1	1	4
15	成都信息工程学院	1	1	1	1	4
16	四川理工学院	0	1	0	1	2
17	四川音乐学院	0	0	0	1	1
18	川北医学院	0	1	0	0	1
19	泸州医学院	1	1	0	0	2
20	成都体育学院	0	0	1	1	2
21	成都学院	0	0	0	1	1

续表

序号	学校名称	2006 年	2007 年	2008 年	2009 年	合计
22	西昌学院	0	1	0	1	2
23	攀枝花学院	0	1	1	0	2
24	四川警察学院	0	1	0	0	1
25	成都医学院	0	1	1	0	2
26	绵阳师范学院	0	1	0	0	1
27	内江师范学院	0	0	0	1	1
28	乐山师范学院	0	0	1	0	1
29	宜宾学院	0	0	0	1	1
30	成都大学	0	0	1	0	1
31	电子科技大学成都学院	0	0	0	1	1
32	成都理工大学广播影视学院	0	0	0	1	1
33	成都理工大学工程技术学院	0	0	0	1	1
34	四川师范大学文理学院	0	0	0	1	1
35	四川教育学院	0	0	0	1	1
36	西南民族大学	0	1	0	1	2
	合计	22	33	25	28	108
	省属本科院校获项目数	9	22	16	21	68

资料来源：四川省教育厅四川教育网：http：//www. scedu. net/structure/index. htm。

二、四川省省属本科院校实验教学示范中心建设取得的成绩与经验

（一）建设成效

实验教学示范中心的建设和运行对培养学生实践能力、应用水平、创新精神起到了重要作用，为专业和行业培养了一大批实践能力强、综合素质好的高质量人才。实验教学示范中心建设极大地推动了高校的整体教学改革，尤其是促进了实践教学的深入改革，对高校改革管理模式、运行机制，提高管理水平起到积极的推动作用，也对高校整合教学资源、开展集约化建设、落实科学发展观起到了引领作用。实验教学示范中心建设，进一步改善了学校教学条件，扩大了学生的受益面，进一步贯彻强化了以学生为本的教学思想，充分发挥了以能力培养为核心实施教学过程的辐射和示范作用，切实提高了人才培养质量，大力促进了教学水平的提高。

1. 为地方经济建设储备了大量优秀人才

实验教学示范中心建设的核心是加强学生实践能力和创新能力培养，提高人才综合素质。作为以培养学生实践能力和创新能力为主要任务的实验教学示范中心，理应瞄准地方经济和产业发展的需求，为学科专业培养人才服务、为产业的

人才需求服务。在开展实验教学示范中心建设过程中，四川省教育厅配合全省经济建设需要，深入贯彻以社会需求为导向、以能力培养为核心的指导思想，积极引导、扶持各个高校积极加强与地方经济的融合，适应经济社会尤其是地方重点支柱产业和战略性新兴领域对高素质人才的需求。在四川省规划发展的"7+3"产业结构中，电子信息、装备制造、能源电力、油气化工、钒钛钢铁、饮料食品和现代中药等7个产业被列为重点发展的优势产业，航空航天、汽车制造、生物工程等3个产业列为积极培育的潜力产业。四川省立项建设的108个实验教学示范中心，与上述产业呈现高度相关度，每个主体产业均有相关类别实验教学示范中心获得立项建设，其中四川省"一号产业"——电子信息产业所属范畴的类别中，共有立项建设18个实验教学示范中心。这些与产业密切联系的实验教学示范中心的建立，为四川省在上述产业中努力发展一批千亿产值产业，储备了大量基本技能扎实、实践应用能力强、能够适应产业需求、支撑产业发展、甚至引领产业创新的人才队伍。

2. 带动了高校的整体教学改革

实验教学示范中心既是面向多学科多专业学生的一种教学基本平台建设，也是教学理念教学模式的改革，涉及多个院系的人才培养方案和教学计划安排。高校普遍进行了建设思路和建设方案的研讨、听证和论证，首先确立全校的实验教学理念、构建中心结构和布局，进而梳理各个中心的建设目标、服务面向和建设任务，最终确立建设思路和建设方案。通过实验教学示范中心建设，进一步明确了各个教学环节的人才培养目标任务，培养模式、课程体系、教学内容、教学方法、教学手段、教学管理均实现了不同程度的改革和创新，并制定出与中心建设配套的师资队伍建设机制和管理政策，从组织上、政策上、经费上、管理上切实保证了中心的顺利建设和发展。

3. 促进了教学条件的大幅改善

实验教学示范中心建设推动了教学条件的改善。在获得省级以上实验教学示范中心建设点经费的同时，各高校按照不低于1：1的比例配套建设经费。这些经费投入加强了教学硬件建设，购置和更新了教学仪器与设备，改善了实验和实训教学条件和环境，扩充了实验教学中心的承接能力，扩大了实验教学中心的教学覆盖面，促进了实践教学内容的更新和教学质量水平的提高。

4. 强化了能力培养的教学理念

通过实验教学示范中心建设，有效扭转了过去重理论、轻实践的倾向，有效贯彻了知识传授、能力培养、素质提升的一体化培养理念，实现了本科教学厚基础、强实践、重素质的教学目标，突出了实践在人才培养中的重要地位和作用，有效打造了实践教学的精良平台，有效营造了高校重视学生实践能力和创新精神的良好氛围，使学校应用型、创新型人才培养出现了崭新局面。

5. 扩大了学生受益面

实验中心的建立使原来较为分散的实验教学资源得以相对集中，资源更加充足，管理更加便利，承接能力大大增强。中心承担的教学任务多为学科基础课程，学生从学科基础开始获得了良好的实践条件和实践空间，促进了专业兴趣和创新精神的培养，使学生在学科基础阶段起即得到充足的实践机会，在实践中加深了学科领域的理解，在应用中增强了对专业理论的学习动力，从而实现了理论与实践相辅相成、交融递进的良好格局，促进了学生自主学习能力和综合素质的提高。

6. 发挥了中心的示范和辐射作用

在高校基础实验室、专业实验室众多，层次不一的背景下，实验教学示范中心建设无疑为高校的实验室建设树立了一个标杆。各实验教学示范中心建设点在建设过程中发挥示范和引领作用，一些理念先进、运行高效、效果显著的实验中心不断产生和涌现，切实带动了高校实验室整体建设和实验教学水平的提高。

（二）基本经验

以实验教学示范中心建设推动教学管理和培养模式改革，大力培养学生实践能力和创新精神，已成为地方本科院校人才培养的一个重要举措。四川省在实验教学示范中心建设中以教育部《关于加强"质量工程"本科特色专业建设的指导性意见》为基本原则，按照"强化优势，突出特色，改革创新，提高效益，示范带动，整体推进"的建设思路，要求实验教学示范中心建设必须符合人才培养规格定位，体现高校办学历史积淀和学科特色优势。在实验教学示范中心建设过程中，科学规划，统筹布局，积极做好评审立项工作；求真务实，踏实建设，认真完成内涵建设任务；总结经验，凝练成果，切实发挥项目示范辐射作用。几年来，四川高校实验教学示范中心建设取得了一定成效。概括几年来四川实验教学示范中心建设的基本经验如下：

1. 加强领导、理顺体制是前提

实验教学示范中心的建设是一项涉及教育观念、教学内容、教学方法、运行机制、资源调配的综合改革，需要教育主管部门引导和支持，需要高校从学校层面科学规划、统筹建设，才能最终转变教学观念、理顺管理体制，高效调配和使用实验教学资源和相关教育资源，实现优质资源共享。四川省通过出台《关于实验中心建设的指导意见》和《四川省高等学校实验教学示范中心评审指标体系》对高校实验教学中心予以政策引导，各高校依据相关指导意见相继设置了实验教学中心正式建制和相对独立的教学实体，形成了分管副校长为主的领导组织和相应的工作协调机制，切实从组织上、体制上保证教学理念的贯彻，建立起了以学科群为基础、集约型管理体制的现代化实验室。

2. 科学定位、明确目标是基础

实验教学示范中心是人才培养体系的重要组成部分，不同类型、不同层次高校的不同类型实验教学中心在人才培养中都具有不同的特殊地位和作用。教育部制定的有关示范中心建设的 4 个大项、12 个分项的评审指标体系，突出体现了

"以软带硬"的建设理念[1]，准确定位各个中心在人才培养体系中的作用，明确建设方向和建设目标，是后续建设工作的基础。四川省立项建设的 108 个示范中心，一般是承担多学科、多专业实验教学任务的公共基础实验教学中心、学科大类基础实验教学中心和学科综合实验中心，以及覆盖面大、影响面宽的基础实验教学中心，这些示范中心既是培养学生基本知识和基本技能的基础大平台，又是培养学生实践能力和创新能力的大舞台。全省各个高校的示范中心彻底摆脱实验教学依附于理论教学的传统观念，按教育部和四川省教育厅的指导意见，逐步树立起学生为本、知识传授、能力培养、素质提高协调发展的教育理念和以能力培养为核心的实验教学观念，把示范中心建设紧紧围绕学生实践能力、创新能力培养和综合素质提高来密切开展，从而持续推进了有利于培养学生实践能力和创新能力的实验教学体系建设和满足现代实验教学需要的高素质实验教学队伍建设，构建起设备先进、资源共享、开放服务的实验教学环境，初步探索出现代化的高效运行管理机制，实验教学水平和教学质量得到全面提高。

3. 完善实验教学体系、改革实验教学模式是关键

实验教学示范中心目标定位能够实现的关键，是要运用先进的教育教学理念搭建起精良的实验教学平台，创新教学模式、教学内容与教学方法，形成科学完善的实验教学体系。全省高校通过实验教学示范中心建设不断深化实验教学改革，逐步建立起既满足大众化教育，又适应学生个性化发展，有利于学生能力培养的多层次、开放式的实验教学体系，建立与之相适应的有利于实现贯通式培养的实验教学平台。绝大部分示范中心通过全开放的实验教学体系，实现了实验项目的菜单化、实验时间的自主化、实验内容的个性化，适应了多样化人才培养的需要。同时通过网络教学平台，实现网上预约、网上预习、网上实验、网上互动、网上考核等自主化的网络学习，利用技术手段突破资源限制，最大限度地满足了开放式实验教学的需要。

4. 强化师资建设、巩固实验队伍是根本

实验教学与管理队伍，是实施实验教学改革、实验室规范管理和实验室建设的主要依靠力量，是人才培养方案的设计者、组织者和实施者，是向学生传授知识、培养能力和提高素质的主体。实验教学与管理队伍的建设直接关系到实验室建设、实验教学和管理水平的高低，影响着示范中心建设与发展水平，也决定着人才培养的质量。建立起一支相对稳定、爱岗敬业、高水平的实验教学与管理创新团队，是示范中心可持续发展的根本所在。全省各个示范中心均认识到这一根本问题的重要性，通过机制创新打造理论与实践两个队伍，通过培养、引进、外聘等各种方式建立起一支学术水平高，核心骨干相对稳定，热爱实验教学，教学理念先进，知识结构、年龄结构合理，教学科研能力强，服务意识好，实践经验丰富，勇于创新的实验教学与管理队伍。

---

〔1〕 张文桂. 实验教学示范中心建设的思考与实践 [J]. 实验技术与管理，2008，25(1)：1-4.

5. 加大经费投入、规范运行管理是保障

实验教学示范中心建设既涉及仪器设备、安全设施等硬件环境建设，又涉及教学体系、实验内容、实验方法等软件平台开发，还要构建网络化、信息化的教学管理体系，相对充足的经费投入是其能够顺利建设的基本保障。从四川省教育厅初步统计的全省高校"十一五"期间"质量工程"建设经费投入情况看，较之其他各类"质量工程"项目，实验教学示范中心所需经费投入都相对较大，各校划拨了较大比重的教学经费用于示范中心建设。另一方面，实验教学示范中心建设在深化实验教学改革的同时，也在推动着传统实验教学运行和管理模式的改革。先进教学理念催生的多层次、开放式的实验教学体系，促使各个高校出台了一系列的管理办法，建立起与多层次、开放式的实验教学体系配套的、符合示范中心建设理念、符合学校校情的有效的运行保障机制。

三、四川省省属本科院校实验教学示范中心建设存在的问题

经过几年建设，四川省省属本科院校实验教学示范中心建设项目取得了明显成效，但同时也存在一些亟待解决的问题。

（一）与专业建设结合不够紧密，人才培养方案整体性欠佳

当前我国的高等教育仍然是以专业为主线、以专业教育为主要载体培养专门人才。知识传授、能力培养、素质提高、协调发展的人才培养理念是在专业人才方案中统一架构和落实的，无论何种层次的高校均主要按照专业人才培养方案实施人才培养任务，实验室和实验教学只是整个人才培养方案中的一个重要组成部分。随着实验教学示范中心项目的开展，以理论教学为主、实验教学为辅的传统教学模式得到了彻底改变，实验教学受到前所未有的重视。实验教学示范中心体制的独立设置，也改变了原来实验室小而全、多而散、任务单一、利用率低的面貌。然而实验教学示范中心的独立行政管理体制和实验教学的独立教学体系，也对专业建设及其整体课程体系改革形成了壁垒，增加了协调难度。部分实验中心更由于师资力量和教学资源的限制，无法及时响应专业改革的需要，以至于专业为了实施上的便利，在培养方案和课程体系改革上回避了对实验中心承担课程和教学环节的改革要求。

（二）学科建设参与较低，特色科研方向尚未形成

实验室本应是产、学、研结合的重要基地，是出高水平科研成果及服务经济建设的主要场所。然而实验教学示范中心一般是承担多学科、多专业实验教学任务的公共基础实验教学中心、学科大类基础实验教学中心和学科综合实验中心，以及覆盖面大、影响面宽的基础实验教学中心，这些示范中心的共同特点是基础性。实验教学示范中心工作内容和教学任务的基础性，使示范中心普遍没有突出的学科特色和科研方向，从而严重影响了示范中心吸引高学历、高职称教师的参

与,也造成了实验教学队伍的不稳定尤其是高水平教师的流失,高学术水平教师的缺失又反过来局限了示范中心参与学科建设的力度和自身特色科研方向的形成。

(三)重硬件建设而忽视教学软件建设,重建设轻使用

示范中心建设是一个系统工程,既涉及仪器设备、设施环境等硬件建设,也涉及教材、师资队伍等软件建设,更涉及实验室管理体制和运行机制的改革,需要在相当长时期内进行持续的建设。但许多实验室往往重视示范中心建设项目的申报,也十分重视仪器设备等硬件的采购,但对于实验教学改革以及教材、队伍等软件建设重视不够,进展缓慢,对实验室管理体制和运行机制的改革则考虑较少,也不重视解决示范中心运行过程中面临的各种问题和困难,使部分示范中心的软硬件建设脱节,购置了大批高档的仪器设备却不能有效地运行,没有在实验教学中发挥应有的作用,造成不同程度的浪费。

(四)注重规模的扩张而忽视质量的提高

示范中心的建设应能有效地促进教学资源的合理配置,提高实验教学、实验室建设和管理的层次和水平,为高校培养创新型高素质人才创造条件。但有些示范中心却没有朝着这一方向努力,而是为了"示范中心"之名而申报建设,因此只是将若干个实验室简单地组合、拼凑成一个示范中心,并未进行有机的整合、融合,建设过程也是各自为政,各搞一套,影响了实验室整体功能的发挥,不利于实验教学改革和实验教学质量的提高。有些示范中心的规模比建设前扩大了,同类实验装置和实验设备的台套数成倍增加,但实验教学体系没有进行系统改革,实验内容没有进行全面更新,实验指导教师的数量没有较大增加,教学水平没有明显提高,实验教学方法没有显著改进,手段单一,使实验教学质量的提高难以保证。

(五)立项评审方式单一,科学性与公正性欠缺

目前示范中心的评审较少分类型和层次,且指标体系设计单一,难以体现不同层次、不同专业、不同地域的高校的差异。四川省省属本科院校相比部委属大学在教学软硬件设施、师资力量等各方面均处于绝对弱势,导致大部分示范中心为部委属大学获得,挫伤了地方高校参与"质量工程"的积极性。在省内 24 个国家级示范中心建设点中,有 16 个为 4 所部属高校获得,占 66.7%,其中仅四川大学和西南交通大学两所部属大学就建有 12 个国家级示范中心,占全省总数的 50%,其余获得立项的 8 所省属高校共建设 8 个国家级示范中心,仅占总数的 33.3%。省级示范中心建设点立项情况也是如此。在已经立项的 108 个省级示范中心中,上述 4 所高校有 35 个,占 32.4%。值得指出的是,省级示范中心建设点立项实行限额申报。四川省教育厅根据各个高校教师学生规模和学科专业数

量，确定了各高校推荐示范中心限额，要求各校严格按规定的推荐名额申报，超过的将不予受理。从实际来看，基本上按照限额申报的数量确定了各校的示范中心专业建设点。其中，四川大学在医学一个门类就获得 4 个省级实验教学示范中心建设点，示范中心建设点立项的公平性、客观性也颇受质疑。

（六）示范与辐射作用的发挥尚不充分

实验教学示范中心应根据学校实际情况和人才培养规格，构建人无我有、人有我优的实验教学模式，为人才培养创设一个丰富多元的实践创新软硬件环境。但从专家对示范中心的验收意见中可以看到，示范中心缺乏个性，借鉴多，原创少；认识提高多，实际落实少；从"教"与"管"的角度出发多，从学生"学"的角度出发少。虽然大多数已建成的示范中心已发挥了一定的示范和辐射作用，但作用不是十分明显，往往只是停留在比较低的层次上，如接待了多少高校和有关教师的参观、发表了多少篇论文、参加了几次学术交流会等，缺乏有自己特色的成果和成熟经验。

第二节　四川省省属本科院校实验教学示范中心的思考与建议

实验室是是重要的教学和科研场所，具有丰富的教育功能。认识实验教学示范中心的内涵，明确实验教学示范中心建设的内容，把握实验教学示范中心建设的原则，对于促进实验教学示范中心建设取得成效具有重要意义。在此基础上，结合四川省省属本科院校的实际，我们提出四川省省属本科院校实验教学示范中心建设的建议。

一、实验教学示范中心的基本内涵

（一）实验教学示范中心的含义及特征

按照《教育部关于开展高等学校实验教学示范中心建设和评审工作的通知》（教高［2005］8 号）的定义，实验教学示范中心是高校通过整合分散建设、分散管理的实验室和实验教学资源，面向多学科、多专业建设的公共基础实验教学中心、学科大类基础实验教学中心和学科综合实验中心。因此实验教学示范中心的核心组成是实验室，是实验室资源的集成化，是实验室建设的集约化，是实验室管理的集优化。

实验室是进行实验教学和实验研究的场所，是人才培养和教学科研的重要基地；是培养学生严谨求实的科学态度，激发学生创新探索，提高学生综合能力的课堂[1]。实验教学示范中心的主要任务是开展实验教学，就是教师有计划、有目的地指导学生提高理论联系实际、综合分析问题、解决问题的能力，培养学生严谨求实的工作作风和用于探索的创新精神。相对于理论教学，实验教学具有直观性、实践性、综合性的特点，具有不可替代的地位和作用。实验教学示范中心的教学内容也不再局限于演示性和验证性实验，而是围绕人才培养目标系统开展广泛的设计性、研究性、综合性实验和实习实训、学科竞赛及其他创新实践活动，实验教学中心的教学范畴已经从实验教学拓展到实践教学。

从认识论的角度出发，实践是人们能动地改造和探索现实世界的一切社会的客观物质活动。人自身和人的认识都是在实践的基础上产生和发展的，实践不仅创造出新的客体，而且创造出新的主体。没有实践就不会有认识，不理解实践也不能正确理解认识。认识产生于实践的需要，实践及其发展的需要是认识、知识产生的根源和发展的动力。实践的发展促使科学成果层出不穷，以至促成新科学的诞生。现代实验室不再局限于"实事验证"的功能，它也是新知识、新技术、新方法、新产品诞生的摇篮，是反映高校教学水平、科研水平、管理水平和科学技术发展的重要标志。人类实践发展的无止境，决定了认识发展的无止境。同时，实践是认识的目的，认识必须满足实践的需要，为实践服务。也只有实践才使人们获得并不断发展对信息加工的能力即思维的能力。

实践在人的认识过程中具有的重大意义和价值决定了实践教学在学生学习过程中具有不可或缺的作用。尤其是在大学教育理念发生深刻变革的今天，大学不仅仅是传播文化、传承知识的载体和工具，其核心任务是人才培养。人才培养的目标也从简单的提高人的全面素质，演变到以社会需求为导向，培养具有社会价值的各类人才。在此过程中，大学教育与社会生产实际结合更为紧密，实践教学地位日益突出。实验教学中心在汇聚各类实践教学资源的基础上，逐渐成为学校开展实践教学的主要阵地和学生自主实践的主要场所。

实验教学示范中心与传统实验教学中心和实验室的区别，主要在于围绕人才培养目标，在教学理念、教学体系、教学内容、教学方法、教学平台、教学环境、教学管理上具有相当突出的优势和行之有效的做法，形成了以"生"为本、科学合理、可操作、可推广的教学模式和教学成果，具有明显的特色示范效应和推广价值。

（二）实验教学示范中心的衡量指标

成为实验教学示范中心的关键在于其是否具有"示范"效应，因此判断一个实验教学中心是否是"示范中心"就应有相对明确的标准。教育部在国家级示范中心评审中采用了一个较具操作性的《国家级实验教学示范中心评审指标体系》（表5-4），并对指标内涵和对应的主要观测点进行了详细的说明（表5-5）。四川省

---

〔1〕 董贾寿，张文桂. 实验室管理学［M］. 电子科技大学出版社，2004.

教育厅参照教育部指标体系颁布了《四川省高等学校实验教学示范中心评审指标体系》(表5-6)及指标内涵及主要观测点说明(表5-7)。两个指标体系具有较大的相似度,均分为四个一级指标及一个附加评分的特色项目。在二级指标的设置上,四川省的13项二级指标较之教育部的12项二级指标更为细致,且各个二级指标权重产生了差别。其中,最主要的差别体现在"教学理念与改革思路"这项二级指标上,教育部在该项指标上设置权重为10分,归入一级指标"实验教学"的考察范畴;四川省将该项指标权重降为4分,归入一级指标"体制与管理"的考察范畴,而在一级指标"实验教学"中增设了6分权重的二级指标"实验教学大纲与教材"。二者的差别可以总结为,教育部更重视从教学理念的改革出发引导示范中心的建设;而四川省教育厅从务实的角度出发,设置了具有更具实际工作意义、更容易考核和评审的"实验教学大纲与教材"指标,引导高校推进实际工作的开展。

表 5-4 国家级实验教学示范中心评审指标体系

一级指标	权重	二级指标	权重
实验教学	40％	1 教学理念与改革思路	10
		2 教学体系与教学内容	10
		3 教学方法与教学手段	10
		4 教学效果与教学成果	10
实验队伍	20％	5 队伍建设	10
		6 队伍状况	10
管理模式	20％	7 管理体制	5
		8 信息平台	5
		9 运行机制	10
设备与环境	20％	10 仪器设备	10
		11 维护运行	5
		12 环境与安全	5
特色项目		实验教学中心在实验教学、实验队伍、管理模式、设备与环境等方面的改革与建设中做出的独特的、富有成效的、有积极示范推广意义的成果	

表 5-5　国家级实验教学示范中心评审指标内涵及相关主要观测点

一级指标	二级指标	指标内涵及相关主要观测点
实验教学	教学理念与改革思路	①学校教学指导思想明确，以人为本，促进学生知识、能力、素质协调发展，重视实验教学，相关政策配套落实②实验教学改革和实验室建设思路清晰、规划合理、方案具体，适用性强，效果良好③实验教学定位合理，理论教学与实验教学统筹协调，安排适当
	教学体系与教学内容	①建立与理论教学有机结合，以能力培养为核心，分层次的实验教学体系，涵盖基本型实验、综合设计型实验、研究创新型实验等②教学内容注重传统与现代的结合，与科研、工程和社会应用实践密切联系，融入科技创新和实验教学改革成果，实验项目不断更新③实验教学大纲充分体现教学指导思想，教学安排适宜学生自主选择④实验教材不断改革创新，有利于学生创新能力培养和自主训练
	教学方法与教学手段	①重视实验技术研究，实验项目选择、实验方案设计有利于启迪学生科学思维和创新意识②改进实验教学方法，建立以学生为中心的实验教学模式，形成以自主式、合作式、研究式为主的学习方式③实验教学手段先进，引入现代技术，融合多种方式辅助实验教学④建立多元实验考核方法，统筹考核实验过程与实验结果，激发学生实验兴趣，提高实验能力
	教学效果与教学成果	①教学覆盖面广，实验开出率高，教学效果好，学生实验兴趣浓厚，对实验教学评价总体优良②学生基本知识、实验基本技能宽厚扎实，实践创新能力强，实验创新成果多，学生有正式发表的论文或省部级以上竞赛奖等③承担省部级以上教学改革项目，成果突出④实验教学成果丰富，正式发表的高水平实验教学论文多，有获省部级以上奖的项目、课程、教材⑤有广泛的辐射作用
实验队伍	队伍建设	①学校重视实验教学队伍建设，规划合理②政策措施得力，能引导和激励高水平教师积极投入实验教学③实验教学队伍培养培训制度健全落实，富有成效
	队伍状况	①实验教学中心负责人学术水平高，教学科研实践经验丰富，热爱实验教学，管理能力强，具有教授职称②实验教学中心队伍结构合理，符合中心实际，与理论教学队伍互通，核心骨干相对稳定，形成动态平衡③实验教学队伍教学科研创新能力强，实验教学水平高，积极参加教学改革、科学研究、社会应用实践，广泛参与国内外同行交流④实验教学队伍教风优良，治学严谨，勇于探索和创新
管理模式	管理体制	①实施校、院级管理，资源共享，使用效益高②实验教学中心主任负责制，中心教育教学资源统筹调配
	信息平台	①建立网络化实验教学和实验室管理信息平台②具有丰富的网络实验教学资源③实现网上辅助教学和网络化、智能化管理
	运行机制	①实验教学开放运行，保障措施落实得力，中心运行良好②管理制度规范化、人性化，以学生为本③实验教学评价办法科学合理，鼓励教师积极投入和改革创新④实验教学运行经费投入制度化⑤实验教学质量保证体系完善

一级指标	二级指标	指标内涵及相关主要观测点
设备与环境	仪器设备	①品质精良，组合优化，配置合理，数量充足，满足现代实验教学要求②仪器设备使用效益高③改进、自制仪器设备有特色、教学效果好
	维护运行	①仪器设备管理制度健全，运行效果好②维护措施得力，设备完好③仪器设备维护经费足额到位
	环境与安全	①实验室面积、空间、布局科学合理，实现智能化②实验室设计、设施、环境体现以人为本，安全、环保严格执行国家标准，应急设施和措施完备③认真开展广泛的师生安全教育

表 5-6　四川省高等学校实验教学示范中心评审指标体系

一级指标	权重	二级指标	自评
1. 体制与管理（20分）	20%	教学理念与改革思路（4分）	
		管理体制与运行机制（6分）	
		实验室开放（4分）	
		管理手段与信息平台（6分）	
2. 实验教学（40分）	40%	实验教学大纲与教材（6分）	
		教学体系与教学内容（10分）	
		教学方法与教学手段（12分）	
		教学效果与教学成果（12分）	
3. 实验队伍（20分）	20%	队伍建设（10分）	
		队伍状况（10分）	
4. 设备与环境（20分）	20%	仪器设备配置与使用（6分）	
		设备管理与维护运行（8分）	
		环境与安全（6分）	
5. 特色与优势（10分）		实验教学中心在实验教学、实验队伍、管理模式、实验室开放、实验研究与实验技术、设备与环境改革等方面的改革与建设中做出的独特的、富成效的、有一定的社会影响、得到同行的认可，有积极示范推广意义的成果。	

表 5-7　四川省高等学校实验教学示范中心评审指标内涵及主要观测点

一级指标	二级指标	指标内涵及主要观测点
体制与管理（20分）	教学理念与改革思路（4分）	①实验教学改革理念先进，指导思想明确，改革思路清晰，体现以人为本，知识、能力、素质协调发展，学习、实践、创新相互促进；②实验室建设发展规划科学和建设目标明确，配套措施有力，改革成效显著；
	管理体制与运行机制（6分）	①学校有主管实验室工作机构，有明确的管理职责；②实验中心为学校正式建制；③实行中心主任负责制，实验室资源统一管理调配使用。
	实验室开放（4分）	①实验室开放制度和管理办法完善，保障措施得力，运行执行很好；②实验室开放时间长，开放范围广，学生覆盖面广；
	管理手段与信息平台（6分）	①实验室管理制度化、人性化、规范化，充分体现以学生为本；②实验教学质量评价办法科学合理，运行良好；③实现实验室基本信息计算机网络化、智能化管理。（注1）
实验教学（40分）	实验教学大纲与教材（6分）	①有符合培养目标和不同要求的教学大纲。②有科学的实验教材选用和评估制度，执行严格；③实验教材不断更新，有特色和创新的实验教材
	教学体系与内容（10分）	①实验教学体系设计合理，注重实验教学内容更新；②实验内容中基本型实验的比例应占50%左右，综合设计型实验不低于30%。有应用型、研究创新型实验；③教学实验项目对不同专业学生应有不同的选择或侧重；④具有丰富的网络实验教学资源；⑤实验教学质量保证体系完善，运行良好。
	教学方法与手段（12分）	①重视实验技术、实验方法的研究改进和新技术、新方法的应用；②重视实验过程与实验结果考核，建设多元实验考核与实验成绩评定方法；③实验教学实行学分制管理；④实验教学手段先进，引入现代技术，融合多种方式辅助实验教学。
	教学效果与教学成果（12分）	①实验开出率高，教学效果好，学生实验兴趣浓厚，实验教学评价总体优良；②学生有独立设计、独立完成的个性化实验成果，有省部级以上科技竞赛奖；③实验教学研究改革成果丰富，有获省部级以上的成果奖励项目；④实验室专职人员人均两年至少正式发表实验研究论文1篇；⑤有主编（含副主编）正式出版并已被采用的实验教材，或实验指导书；⑥实验教学研究改革成果有广泛的辐射作用。
实验队伍（20分）	队伍建设（10分）	①学校有利于稳定和提高实验队伍的政策措施得力，并实施好；②对实验室人员有科学的考核办法，实行人才流动、竞争上岗，落实效果好。③实验教学、技术骨干相对稳定，实验队伍结构数量合理；④实验教学队伍培养培训制度健全，实验教学和理论教学队伍互通。
	队伍状况（10分）	①实验室中心负责人学术水平高，教学科研实践经验丰富，热爱实验室工作，管理能力强，具有高级技术职称；②专职人员中具有硕士及以上学位或高级专业技术职务人员不少于40%；③实验教学队伍教学科研能力强，实验技术队伍技术水平高，积极参加教学改革、科学研究、社会应用实践，广泛参与国内外同行交流；④实验室有一定从事辅助工作的勤工俭学学生和志愿者。（注3）

续表

一级指标	二级指标	指标内涵及主要观测点
设备与环境（20分）	仪器设备配置与使用（6分）	①品质精良，配置合理，数量能满足实验教学的需要；②仪器设备使用效益高，实现资源共享；改进、自制仪器设备具有特色，用于教学科研，效果好。
	设备管理与维护运行（8分）	①仪器设备管理制度健全，技术档案完善，计量仪器定期进行校准或标定；②仪器设备账、物相符率达100%；③有专项仪器设备维护经费，维修措施得力，设备完好率达90%；④改进、自制仪器设备有特色、教学效果好。
	环境与安全（6分）	①实验室面积、空间、结构、布局科学合理，实现智能化，满足教学需要；②实验室设计、装修、设施、环境体现以人为本，安全、环保符合国家标准；③安全制度健全，警示标志醒目，应急设施和措施完备，经常开展安全教育。

上述两套实验教学示范中心评审指标体系分别经过全国实验室工作研究会和四川省实验室工作研究会专家的多次研讨和反复斟酌，并经实践检验，能够较为科学、全面、客观地衡量各个实验中心现状，基本适应当前的评审和建设需要。但在指标体系中存在部分较为笼统的指标和观测点，以致评审过程中仍然存在诸多主观评判的空间，从而无法完全达到客观、公平、公正的评价。评审指标体系作为评审工作本身的一个操作标准或指导手册，难以尽善尽美，也没有必要毫无遗漏和瑕疵，毕竟它更为重要的作用，是能够明确引导高校的建设方向、建设内容和规范建设行为，只要达到这个目标，应该将其视为一个合适的评价指标体系。

二、实验教学示范中心建设的基本内容

要明确示范中心的建设内容，首先要明确示范中心的建设目标和实施背景。2005 年教育部下发《教育部关于开展高等学校实验教学示范中心建设和评审工作的通知》（教高［2005］8 号）指出，实验教学示范中心应以培养学生实践能力、创新能力和提高教学质量为宗旨，以实验教学改革为核心，以实验资源开放共享为基础，以高素质实验教学队伍和完备的实验条件为保障，创新管理机制，全面提高实验教学水平和实验室使用效益。四川省教育厅于 2006 年出台《四川省实施高等学校本科教学质量与教学改革工程的意见》，把实验教学示范中心建设作为实践基地及实验室建设的一项重要措施和重点项目，旨在建成一批国家级、省级实验教学示范中心的同时，推动高校科技创新和人才培养紧密结合，推进学校实验教学模式、内容、方法、手段和实验人员队伍及管理体系建设。

教育部于 2007 年连续下发 1 号，2 号文件用于指导各地各校"质量工程"建设，其中《教育部财政部关于实施高等学校本科教学质量与教学改革工程的意见》（教高［2007］1 号）将实验教学示范中心建设纳入实践教学与人才培养模式改革创新范畴，主要从软件建设的角度要求高校大力加强实验、实践教学改革，通过实验教学示范中心建设，推进高校实验教学内容、方法、手段、队伍、管理及

实验教学模式的改革与创新。在随后颁发的《教育部关于进一步深化本科教学改革全面提高教学质量的若干意见》(教高［2007］2 号)文件中，再次从硬件建设角度提出加强教学基础建设，提高人才培养的能力和水平，要求高校加强教学实验室和校内实习基地的建设，根据培养学生动手和实践能力需要，不断改善实验和实习教学条件，采用多种方法改造和更新实验设备，提高实验设备的共享程度和使用效率，为教学提供必要的实验和实习条件。同时也强调软件建设的重要性，要求高校进一步加强科学研究和教学实验的结合，推进实验教学内容、方法、手段及人才培养模式的改革与创新；要加强实验和实习教师队伍建设，通过政策引导，吸引高水平教师从事实验和实习教学工作；要高度重视实践环节，提高学生实践能力，要求高校要大力加强实验、实习、实践和毕业设计(论文)等实践教学环节，特别要加强专业实习和毕业实习等重要环节。教育部还明确规定列入教学计划的各实践教学环节累计学分(学时)，人文社会科学类专业一般不应少于总学分(学时)的 15％，理工农医类专业一般不应少于总学分(学时)的 25％，在保证学时学分的前提下推进实验内容和实验模式的改革和创新，培养学生的实践动手能力、分析问题和解决问题能力。

实验教学示范中心内涵、特征、建设目标的确立，以及教育部和四川省教育厅全面的指导意见，已经明确了实验教学示范中心建设的主要内容，可归纳总结如下：

1. 树立先进的教育理念和实验教学观念

学校和示范中心要牢固树立先进的教育理念和教学指导思想，坚持传授知识、培养能力、提高素质协调发展，注重对学生探索精神、科学思维、实践能力、创新能力的培养；重视实验教学，从根本上改变实验教学依附于理论教学的传统观念，充分认识并落实实验教学在学校人才培养和教学工作中的地位，形成理论教学与实验教学统筹协调的理念和氛围。

2. 构建先进的实验教学体系、内容和方法

从人才培养体系整体出发，建立以能力培养为主线，分层次、多模块、相互衔接的科学系统的实验教学体系，与理论教学既有机结合又相对独立；实验教学内容与科研、工程、社会应用实践密切联系，形成良性互动，实现基础与前沿、经典与现代的有机结合；引入、集成信息技术等现代技术，改造传统的实验教学内容和实验技术方法，加强综合性、设计性、创新性实验；建立新型的适应学生能力培养、鼓励探索的多元实验考核方法和实验教学模式，推进学生自主学习、合作学习、研究性学习。

3. 打造先进的实验教学队伍建设模式和组织结构

学校重视实验教学队伍建设，制定相应的政策，采取有效的措施，鼓励高水平教师投入实验教学工作。建设实验教学与理论教学队伍互通，教学、科研、技术兼容，核心骨干相对稳定，结构合理的实验教学团队；建立实验教学队伍知识、技术不断更新的科学有效的培养培训制度；形成一支由学术带头人或高水平教授负责，热爱实验教学，教育理念先进，学术水平高，教学科研能力强，实践经验丰富，熟悉实验技术，勇于创新的实验教学队伍。

4. 配置先进的仪器设备和安全环境条件

仪器设备配置具有一定的前瞻性，品质精良，组合优化，数量充足，满足综合性、设计性、创新性等现代实验教学的要求；实验室环境、安全、环保符合国家规范，设计人性化，具备信息化、网络化、智能化条件，运行维护保障措施得力，适应开放管理和学生自主学习的需要。

5. 探索先进的实验室建设模式和管理体制

依据学校和学科的特点，整合分散建设、分散管理的实验室和实验教学资源，建设面向多学科、多专业的实验教学中心；理顺实验教学中心的管理体制，实行中心主任负责制，统筹安排、调配、使用实验教学资源和相关教育资源，实现优质资源共享。

6. 完善先进的运行机制和管理方式

建立网络化的实验教学和实验室管理信息平台，实现网上辅助教学和网络化、智能化管理；建立有利于激励学生学习和提高学生能力的有效管理机制，创造学生自主实验、个性化学习的实验环境；建立实验教学的科学评价机制，引导教师积极改革创新；建立实验教学开放运行的政策、经费、人事等保障机制，完善实验教学质量保证体系。

7. 形成显著的实验教学效果

实验教学效果显著，成果丰富，受益面广，具有示范辐射效应；学生实验兴趣浓厚，积极主动，自主学习能力、实践能力、创新能力明显提高，实验创新成果丰富。

8. 具备显明的特色

根据学校的办学定位和人才培养目标，结合实际，积极创新，特色显明。

三、实验教学示范中心建设的基本原则

充分认识实验教学示范中心建设的精神实质，准确把握改革的方向与重点，对于深入推进示范中心建设、真正发挥项目建设效益，意义十分重要。通过分析调研，我们认为，实验教学示范中心建设应遵循以下三个主要原则：

（一）资源整合原则

实验教学示范中心的建设对象是公共基础实验教学中心、学科大类基础实验教学中心和综合性实验教学中心，要求覆盖专业较广，学生受益面较大，实行校或院级管理。因此高校应从建设对象着手，加大校内实验教学资源的整合力度，着力提高实验资源的建设效益。这种整合包括两个方面：①按照专业大类进行横向整合，搭建专业大类综合实验教学平台，满足跨院系多个专业的教学需求，提高建设和运行效率。②按照专业领域进行纵向整合，在规模较大院系打通基础与

专业实验平台，设置贯通式的实验教学中心或综合实验室，满足专业整体建设和完整实践教学体系构建的需要。

（二）内容融合原则

高校的人才培养工作是一项复杂的系统工程，涉及高校工作的方方面面，必须注重系统设计、整体推进、融合发展和配套实施，才能形成全面的、深入的、系统的、有机联系的合力。实验教学示范中心建设是高校人才培养工作的重要组成部分，应将示范中心建设纳入到学校整体教育教学工作的整体框架下进行，突出系统性、体现集约化、形成合力，有效推动人才培养质量的全面提高。尤其是对于资源相对有限的地方院校，更应注重各项教学建设和改革的系统设计和融合发展，在此前提下重构教学体系、创新教学模式和教学方法来提高质量，这才是符合实际的现实渠道。而且，重视实验教学，不是指实验教学完全脱离理论教学，自成体系，而是指实验教学与理论教学在资源配置、教学内容、教师安排、组织管理等方面互为补充，融为一体。实验教学示范中心的建设实践证明，将知识传授与实验探索有机结合，有利于调动学生自主学习的热情，激发学生的求知欲和创造欲。融合性原则的具体体现是与专业建设紧密融合、与课程建设紧密融合、与教材建设紧密融合、与学科竞赛紧密融合、与科学研究紧密融合，切实将人才培养总体要求细化落实到每门课程以及课内外、校内外各个教学环节，实现各类教学活动的有机融合，实现知识、能力、素质等目标要素在各个培养环节中的高度耦合，协同实现教育目标。

（三）工作创新原则

实验教学示范中心建设的最终目的，是通过实验教学理念、实验教学体系、实验队伍建设、实验资源配置、管理运行机制等方面的创新，形成引领实验教学改革方向的建设成果，进而带动整个高校人才培养模式的根本变革，达到提高大学生创新能力和综合素质的目的。因此实验教学示范中心应大胆探索、勇于创新，努力创新教学理念、创新教学内容、创新队伍建设机制、创新教学管理运行模式、创新教学环境和条件，积累行之有效的经验和方法，培育富有特色的成果，形成最终的辐射力度和示范效应，推动同类高校实验教学水平和人才培养质量共同提高，实现示范中心建设的价值和意义。

四、四川省省属本科院校实验教学示范中心建设的思考与建议

通过首轮的全面实施，实验教学示范中心的建设思路不断清晰，各类别实验教学改革与实验室建设的经验与成果不断涌现。但如何拓展"以学生为本"实验教学改革的深度，拓宽实验教学示范中心建设的覆盖面与受益面，真正通过实验教学示范中心建设，引领实践教学改革，进而引领整个高等教育人才培养模式的创新，值得高校实验室工作者们进行深入的研究与探索。在总结前期建设经验的

基础上，我们提出今后一段时期实验教学示范中心建设的一些建议，以期能够在"十二五"期间更好地推进实验教学示范中心建设。

（一）更加注重统筹规划，强化分类指导

实验教学示范中心建设首先应注重示范效应，突出优质实验教学资源的示范辐射、引领带动作用。因此，统筹构建一个布局合理、分布均衡、凸显特色的实验教学示范体系，有利于不同区域、不同类型高等学校实验教学水平的共同提高。项目主管单位应根据国家和地方经济社会建设重点领域、各类型高校所占比例、各学科门类学生数量比例，制定实验教学示范中心建设的指导性规划，明确示范中心建设点在不同学科专业领域和各类型高校的布局和分步实施方案，同时细化不同层次不同类型示范中心的建设要求和具体内涵，奠定实验教学示范中心建设科学性和规范性的重要基础。

从已经立项的国家级和省级实验教学示范中心分布情况看，这些实验教学示范中心覆盖了11个专业门类的实验教学领域。教育部和四川省教育厅虽然明确了示范中心的建设重点与验收要求，但仍是一个相对综合、宏观的指导意见，需要进一步针对不同区域、不同类型高校的发展定位，针对不同专业门类人才培养的规格要求，区别对待，细化指导，分类制定验收标准，营造一个公平客观、多元并存的实验教学示范中心建设环境。

同时，还应分层分类组建示范中心建设的协作组织，分区域、分类别搭建合作交流平台，有针对性地发挥辐射效益和示范效应，提升区域高校实验教学改革与实验室建设的整体水平。

（二）更加注重教学整体建设，强化协同发展

实验教学中心不是独立于学校教学体系之外的教学实体，实验教学也不是脱离于学校整体人才培养方案之外的教学环节，实验教学应在教学运行、教师安排、组织管理等方面与其他工作紧密结合，相互支撑，协同发展。

1. 教学体系的紧密融合

树立理论教学与实验教学并重的教学理念，从有利于学生成长、成才出发，有利于提高大学生的实践能力、创新能力和综合素质出发，科学设置课程体系，合理配置理论教学与实验教学的比例，做到3个"3+1"的紧密结合，即"教与学、理论与实践、教学与科研紧密结合"+"全方位素质教育"的人才培养体系，"互动式、启发式、探讨式教学"+"数字化学习"的创新型教学体系，"学生自主管理、民主管理、人性化管理"+"团队协作"建设优良学风的学生管理体系。通过教学工作的全面整合和有机融合，促进学生实践能力、创新能力和综合素质的全面提高。

2. 管理体系的紧密融合

实验室管理的宗旨是提高实验教学质量。目前，多数高校的实验教学工作由

教务处具体负责，实验室与设备管理工作由设备处或资产处负责。这里说的管理上的紧密融合，不是指学校将实验室管理、仪器设备管理、实验教学管理等职能归并到一个部门，而是指学校应加强实验教学改革、实验仪器设备与实验室建设的统筹管理，做到既分工协作，又相互配合，充分发挥实验教学资源的最大使用效益，发挥实验教学资源的集成效益。

3. 师资队伍的紧密融合

将资深教授引入实验中心的关键岗位，让他们在实验室规划、建设中发挥引领和主导作用，同时充分发挥实验教学人员熟悉实验教学和实践经验丰富的优势，实现理论教学和实验教学师资的有机融合以及实验教学与科学研究、产品研发的有机融合，以此大幅度提高实验教学水平[1]。

（三）更加注重实验教学的多元创新，实现差异化发展

《国家中长期教育改革和发展规划纲要》明确指出，今后高等教育工作的重点是全面提高教学质量，而提高教学质量的根本在于不断改革创新。实验教学示范中心建设本身就是一种创新，是实验教学与时俱进、科学发展的集中体现。在创新中遇到的问题，需要更加深入的改革创新来破解。因此实验教学示范中心不仅要坚持创新，更要坚持多元创新，即创新主体的多元化，创新理念的多元化，建设模式的多元化。

1. 创新主体的多元化

随着我国经济社会进入改革发展的关键期，高等教育与各类需求不适应的矛盾日益凸现，高等教育改革也由过去自上而下、普得实惠、相对容易的阶段，进入到上下互动、社会参与、利益调整的"深水区"[2]。在实验教学示范中心建设上，国家教育主管部门、地方教育主管部门、学校、中心甚至社会都应该成为不同层面的创新主体，各方围绕不同的创新目标开展工作，从不同层次、不同角度共同破解改革难题。

2. 创新理念的多元化

实验教学示范中心建设包含了多方面的内容，不同层面的教育教学改革参与者会有所不同侧重，不同类型的高校和不同类型的示范中心均有自身的实际需要和明显特色。从不同参与者的需要出发，应该允许示范中心按照不同的理念从实际出发寻找不同的切入口，依托各自的重点工作带动整体建设，形成自己的理念和差异化发展。

3. 建设模式的多元化

实验教学示范中心的"示范"不是带领大家走一条路，而是提供若干成功的

---

〔1〕 张晓宁. 国家级实验教学示范中心建设状况 [J]. 实验室研究与探索. 2009, 28 (10)：87-88.

〔2〕 中国教育报评论员. 改革创新推动教育事业发展——三论学习贯彻胡锦涛总书记在全国教育工作会议上的重要讲话 [N]. 中国教育报, 2010-07-18.

案例，激发学校的创新思维，鼓励实验中心逐步走出一条符合自身实际的改革发展之路。教育主管部门和学校实验教学管理部门在制定规章制度时，应给实验中心自主创新留有足够的空间，弹性管理，搭建平台，鼓励实验中心从学生角度出发，大胆地进行实验教学内容改革与实验方法手段创新[1]。

〔1〕 洪林. 国外应用型大学实践教学体系与基地建设 ［J］. 实验室研究与探索，2006，25（12）：1586－1588.

第六章　四川省省属本科院校精品课程
建设问题研究

　　课程是学校教育的核心工作之一。加强精品课程建设，深化教学内容、教学方法、教学手段改革，是提高人才培养质量的主要渠道。2003 年以来，四川省属本科院校以精品课程建设为抓手，不断提高课程建设质量和建设水平，取得了积极成效。

第一节　四川省省属本科院校精品课程建设情况分析

　　精品课程是具有一流教师队伍、一流教学内容、一流教学方法、一流教材、一流教学管理等特点的示范性课程。精品课程建设是以培养满足国家和地方发展需要的高素质人才为目标，以提高学生国际竞争能力为重点，整合各类教学改革成果，加大教学过程中使用信息技术的力度，加强科研与教学的紧密结合，大力提倡和促进学生主动、自主学习，改革阻碍提高人才培养质量的不合理机制与制度，促进高等学校对教学工作的投入，建立各门类、专业的校、省、国家三级精品课程体系。国家精品课程建设工作自 2003 年启动建设，到 2010 年共立项各类课程 3894 门；四川省精品课程建设工作于 2003 年同步启动，共立项建设各类课程 1394 门。

一、四川省省属本科院校精品课程建设情况

　　（一）四川省省属本科院校国家级精品课程建设情况

　　自 2003 年国家开展国家精品课程立项评选以来，到 2010 年四川省省属本科院校共有 10 所高校的 23 门课程获得立项（表 6-1），其中 9 所院校具有较长的办学历史，1 所院校属于新升格本科院校（表 6-2）。

　　从课程立项时间来看，四川省省属本科院校 2003 年获得 1 门课程立项，2004 年获得 2 门课程立项，2005 年获得 1 门课程立项，2006 年获得 1 门课程立项，2007 年获得 3 门课程立项，2008 年获得 4 门课程立项，2009 年获得 5 门课程立项，2010 年获得 6 门课程立项。

表 6-1　四川省省属本科院校获国家精品课程立项项目一览表

学校名称	课程名称	立项年度	一级学科	二级学科类
四川农业大学	动物营养学	2003	农学	动物生产类
成都理工大学	工程地质分析原理	2004	工学	地矿类
西南石油学院	钻井与完井工程	2004	工学	地矿类
四川农业大学	饲料学	2005	农学	动物生产类
成都中医药大学	药用植物学	2006	医学	药学类
成都中医药大学	中药学	2007	医学	药学类
四川农业大学	动物传染病学	2007	农学	动物医学类
西南科技大学	现代电子系统设计	2007	工学	电气信息类
成都理工大学	C/C++程序设计	2008	工学	电气信息类
四川警官学院	审讯学	2008	法学	公安学类
四川师范大学	写作学	2008	文学	中国语言文学类
西南科技大学	化学综合设计实验	2008	理学	化学类
成都中医药大学	方剂学	2009	医学	中医学类
成都中医药大学	针灸学	2009	医学	中医学类
四川农业大学	作物育种学	2009	农学	植物生产类
四川师范大学	语文课程与教学论	2009	文学	中国语言文学类
西南科技大学	管理学原理	2009	管理学	管理科学与工程类
成都体育学院	乒乓球	2010	教育学	体育学类
成都信息工程学院	动力气象学	2010	理学	大气科学类
成都中医药大学	中医眼科学	2010	医学	中医学类
四川农业大学	家畜育种学	2010	农学	动物生产类
四川师范大学	数学史	2010	理学	数学类
西华师范大学	全民健身概论	2010	教育学	体育学类

表 6-2　四川省属本科院校本科层次课程入选国家精品课程情况统计表

学校名称	立项数量
四川农业大学	5
成都中医药大学	5
四川师范大学	3
西南科技大学	3
成都理工大学	2
成都信息工程学院	1
成都体育学院	1
西南石油大学	1
西华师范大学	1
四川警察学院	1

从课程立项的结构来看，四川省属本科院校立项的 23 门课程分布于 8 个一级学科，其中法学 1 门、工学 4 门、管理学 1 门、教育学 2 门、理学 3 门、农学 5 门、文学 2 门、医学 5 门；分布于 14 个二级学科门类，分别是公安学类 1 门、地矿类 2 门、电气信息类 2 门、管理科学与工程类 1 门、体育学类 2 门、大气科学类 1 门、化学类 1 门、数学类 1 门、动物生产类 3 门、动物医学类 1 门、植物生产类 1 门、中国语言文学类 2 门、药学类 2 门、中医学类 3 门(表 6-3)。

表 6-3　四川省省属本科院校国家精品课程学科结构分布统计表

一级学科名称	二级学科名称	入选数量
法学	公安学类	1
工学	地矿类	2
	电气信息类	2
管理学	管理科学与工程类	1
教育学	体育学类	2
理学	大气科学类	1
	化学类	1
	数学类	1
农学	动物生产类	3
	动物医学类	1
	植物生产类	1
文学	中国语言文学类	2
医学	药学类	2
	中医学类	3

总体而言，四川省省属本科院校获得国家精品课程的数量相对较少，全省所有省属本科院校的立项数甚至不及省内部分部委属院校 1 所学校建设的数量。由于精品课程涉及教学队伍、教学内容、教学方法、教学管理、教学条件等多个方面的比较，四川省属本科院校由于各方面条件尤其是与部委属院校相比较还有差距，所以国家精品课程建设数量总体偏少。

四川省省属本科院校的国家精品课程总体集中于各校的传统优势学科领域，是学校多年办学历史的积淀，如四川农业大学所有课程均集中在农学学科，成都中医药大学主要集中在医学学科等，说明课程建设需要长期的历史积淀和积累，并非通过扩张、学科专业结构调整、较短时间就能达到较高的建设水平。

（二）四川省省属本科院校四川省精品课程建设情况[①]

为了配合国家精品课程建设，构建国家、省、校三级的精品课程体系，四川

---

① 本部分数据根据四川省教育厅公布的精品课程立项文件进行整理，http：//www．scedu．net

省于 2003 年同步启动了四川省精品课程建设，到 2010 年在本科层次院校和专科层次院校中共立项省级精品课程 1394 门，其中省属本科院校立项的本科层次课程为 572 门，占总立项数的 41%。在课程建设上，四川省对地方本科院校给予了大力支持和帮助。

从立项院校情况来看，共有 36 所院校获得了立项，立项数量最多的院校达到 58 门，立项数量最少的院校为 1 门，26 所公办本科院校立项省级精品课程 540 门，10 所独立学院立项省级精品课程 32 门，其中独立学院获得立项数量最多的院校为 9 门，超过部分公办本科院校（表 6-4）。

表 6-4　四川省属本科院校本科层次课程入选四川省精品课程情况统计表

学校名称	立项数量	学校名称	立项数量
四川师范大学	58	四川音乐学院	11
西华师范大学	41	川北医学院	9
四川农业大学	40	电子科技大学成都学院	9
成都理工大学	36	攀枝花学院	9
西南科技大学	36	成都理工大学广播影视学院	7
西南石油大学	35	成都医学院	7
成都中医药大学	31	四川文理学院	6
西华大学	29	四川警察学院	5
成都信息工程学院	26	成都理工大学工程技术学院	3
成都体育学院	23	四川师范大学文理学院	3
四川理工学院	22	成都信息工程学院银杏酒店管理学院	2
乐山师范学院	21	四川大学锦城学院	2
绵阳师范学院	17	西南财经大学天府学院	2
宜宾学院	17	四川大学锦江学院	1
泸州医学院	16	四川民族学院	1
内江师范学院	16	四川师范大学成都学院	1
成都学院	14	四川外语学院成都学院	1
西昌学院	14	西南科技大学城市学院	1

从立项时间来看，四川省属本科院校 2003 年获得 24 门省级精品课程立项，2004 年获得 39 门省级精品课程立项，2005 年获得 66 门省级精品课程立项，2006 年获得 78 门省级精品课程立项，2007 年获得 109 门省级精品课程立项，2008 年获得 83 省级精品课程立项，2009 年获得 76 门省级精品课程立项，2010 年获得 97 门省级精品课程立项。总体上立项数量逐年上升，2008 年由于四川省为重点做好已立项精品课程的建设工作，控制了各校精品课程的申报数量，所以立项总数上又略有下滑（图 6-1）。

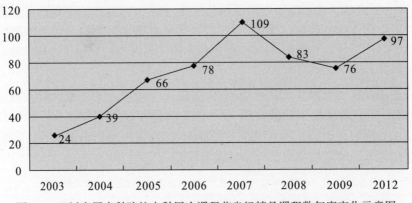

图 6-1　四川省属本科院校本科层次课程获省级精品课程数年度变化示意图

从四川省省属本科院校精品课程的学科结构分布来看，一级学科中入选数量最大的门类是工学、理学和文学，分别为 135 门、118 门和 86 门，达到了立项总数的 59.3%，立项数量最多的三个二级学科门类分别是工学的电气信息类、文学的中国语言文学类和文学的艺术类，分别为 61 门、34 门和 30 门，与第一章所分析的四川省属本科院校所举办的学科专业结构有一定的关系。同时，在一些基础性学科领域，精品课程获得数量较少，出现了学科分布不均的情况（表 6-5）。

表 6-5　四川省省属本科院校立项本科层次省级精品课程学科结构分布表

一级学科	入选数量	二级学科类	入选数量
		材料类	7
		地矿类	24
		电气信息类	61
		工程力学类	2
		公安技术类	2
		化工与制药类	5
		环境与安全类	3
工学	135	机械类	11
		交通运输类	3
		矿业工程类	1
		能源动力类	2
		轻工纺织食品类	4
		土建类	6
		仪器仪表类	4

续表

一级学科	入选数量	二级学科类	入选数量
		材料科学类	1
		大气科学类	3
		地理科学类	9
		地球物理学类	2
		地质学类	2
		电子信息科学类	4
		化学类	20
理学	118	环境科学类	1
		力学类	1
		生物科学类	19
		数学类	28
		统计学类	1
		物理学类	22
		心理学类	5
		中国语言文学类	34
		外国语言文学类	20
文学	86	新闻传播学类	2
		艺术类	30
		护理学类	1
		基础医学类	11
医学	59	口腔医学类	1
		临床医学与医学技术类	12
		药学类	9
教育学	43	教育学类	17
		体育学类	26
		工商管理类	26
		公共管理类	3
管理学	39	管理科学与工程类	6
		农业经济管理类	2
		图书档案学类	2

一级学科	入选数量	二级学科类	入选数量
		植物生产类	13
		草业科学类	1
		动物生产类	7
农学	30	动物医学类	4
		环境生态类	2
		森林资源类	2
		水产类	1
马克思主义理论课程与思想品德课	16	马克思主义理论课程与思想品德课	16
		法学类	5
法学	14	公安学类	2
		社会学类	2
		政治学类	5
历史学	13	历史学类	13
文化素质教育课程类	9	文化素质教育课程类	9
经济学	7	经济学类	7
哲学	3	哲学类	3

（三）四川省省属本科院校精品课程建设情况的分析

自 2003 年精品课程建设工作启动以来，四川省省属本科院校在精品课程建设上投入了大量的精力，逐步构建起国家、省、校三级的精品课程体系，开展了大量建设工作，主要包括：

1. 制定了建设规划，有力推进了精品课程实施

四川省省属本科院校普遍能按照精品课程建设的要求开展精品课程建设工作，制定了学校的《课程建设规划》和《课程建设办法》，根据国家和四川省精品课程建设要求，按照精品课程评审指标体系的内涵要求对课程的负责人、教学团队、教材建设、课程历史、教学内容、教学方法与手段、实践教学、课程特色等进行了全面深入地梳理，遴选了重点建设的课程，予以重点建设，较好地总结了课程建设的经验，规划了课程建设方案，为课程的持续建设奠定了基础。

同时，为不断提高课程建设水平，完成精品课程建设任务，四川省省属本科院校所建设的精品课程普遍对自身存在的问题进行了分析，深入学习了先进单位和课程建设的经验，明确了自身存在的问题，并进行了改革方案的设计和实施，有力地促进了课程教学改革的深化。

2. 搭建了课程教学网络平台，建设了课程资源

精品课程开展以前，课程教学主要按照传统方式，通过面对面教学的方式完成。由于精品课程的评审和建设均通过网络平台进行，课程立项建设后，四川各省属本科院校通过引进、购买或自主开发的方式搭建了网络教学平台，建立了课程教学网站，一方面对课程的建设情况进行了丰富而详尽的介绍，另一方面，课程教案、授课课件、教学大纲、参考资料、课程录像等陆续上网，逐步改变原有面对面教学的方式，开始向传统教学与网络教学相结合的方式转变，提高了课程教学效率，促进了教学质量的提高。同时，根据建设要求，四川省省属本科院校注重对网络资源的建设，对课程上网资源做到及时更新和切实使用，初步形成了部分可持续利用的课程教学资源，为课程的持续建设奠定了基础。

3. 推进了教学内容改革，加强教材建设

在精品课程建设过程中，四川省属本科院校普遍能根据学科专业发展前沿和经济社会发展需要对课程内容进行改革和安排，部分课程对课程教学大纲进行了修订，对课程教学内容进行了组织和安排。在此基础上，加强了教材建设，新编了部分教材，其中部分教材作为国家精品课程教材出版，部分教材入选普通高等教育"十一五"国家级规划教材，促进了课程建设水平的提高。

4. 建立了评价机制，促进了课程建设

四川省教育厅和四川省属本科院校均积极探索课程建设的评价机制，四川省教育厅曾先后多次组织精品课程的检查和复核工作，逐步形成了自身的精品课程建设检查机制，不断促进课程建设水平的提高。其中 2009 年，四川省教育厅组织了首轮 2003 年度立项的 61 门省级精品课程的复核工作，其中 30 门课程被暂缓通过，极大了促进了其他课程的建设，各校进一步加强了课程建设力度，提升了课程建设的质量。

二、四川省省属本科院校精品课程建设取得的成绩与经验

精品课程建设工作的开展，大大促进了四川省省属本科院校课程建设工作的开展，在课程建设领域，四川省属本科院校取得了较为明显的建设成效，并积累了丰富的建设经验，为进一步加强课程建设，提升课程质量奠定了较好的基础。

（一）建设成效

1. 普遍强化了质量意识，更新了课程建设观念

在精品课程建设中，四川省属本科院校普遍能坚持"以先进的教育思想观念为先导，以改革教学内容和课程体系为核心，以培养学生的创新精神和实践能力为重点"，按照"一流教师队伍、一流教学内容、一流教学方法、一流教材、一流教学管理"的建设标准，努力构建精品课程平台，推进优质教学资源共享。

通过精品课程建设工作的开展，极大地促进了四川省属本科院校课程建设观念的更新、强化了质量意识。2003 年以来，各院校普遍采取了有力措施对本校

课程建设尤其是精品课程建设进行了强有力的布置和安排，建设了 23 门国家级精品课程、572 门本科层次的精品课程和数以千计的校级精品课程，形成了国家、省、校三级的精品课程体系，对于教学内容的更新、教学方法、教学质量的提高作出了贡献。

在精品课程建设中，各院校普遍能够深入分析自身课程建设存在的问题，促进各专业明确自身的人才培养定位，并以此选择基础条件好的课程进行重点突破和建设；各建设课程能够在建设过程中，向优质课程学习，深入分析自身存在的问题和不足，并进行针对性的改革和建设，在课程中不断更新自身的教育教学观念，选择和使用先进的教学方法与教学手段，促进了课程质量的提高。

2. 建设了较为丰富的资源，为课程教学提供了支撑

在精品课程建设中，四川省省属本科院校普遍能根据学校定位及学科专业实际，强化优势，凝练特色，整合课程资源，丰富课程内容，初步形成了涵盖不同学科门类、开放共享的精品课程平台，建立了包括课程简介、队伍建设、建设措施、课程特色、授课教案、电子课件、参考文献、习题、教学案例等在内的丰富的教学资源。尤其是通过精品课程网络资源平台的建设，逐步实现各级精品课程的教案、大纲、授课录像、习题、实验、教学文件及参考资料等教学资源上网，不断完善省级、校级"精品课程资源库"，为教师教学科研、学生个性化学习提供优质教学资源。

在后续建设过程中，四川各省属院校大部分课程能够对课程网络教学资源进行不断丰富和完善，努力将课程的教学录像等资源进行上传，基本实现了授课教案、电子课件的全程上网，录制了上万学时的课程教学录像，已基本形成了较为丰富的网络资源；一部分课程能够运用网络条件和网络教学资源对课程教学活动进行改革，能在网络上进行网络答疑、部分测试等工作，加强了网络教学在课程教学中的运用程度。同时，通过精品课程建设的促进，四川省属省属本科院校普遍建立了网络教学平台，在校内其他课程也同步开设了网络教学平台，促进了学校教师转变教育思想观念、改变教育教学行为，加强了网络教学在日常教学活动中的运用，提升了学校课程建设的总体水平。

3. 加强了教材建设，促进了教学内容更新

精品课程建设工作的开展大大促进了四川省省属本科院校课程教学的内容更新，各精品课程基本上能够立足经济社会发展需要、立足学科发展前沿，不断更新教学内容，并根据学生学习特点进行教学内容的组织和安排，极大地提升了课程教学的水平和质量。精品课程建设以来，四川省属地方高校以精品课程建设为契机，大力加强了教材建设力度，省属本科院校 60 余部教材入选普通高等教育"十一五"国家级规划教材，其中大部分教材为精品课程教材或被精品课程选用为教学用书。

通过精品课程建设，推动了教师转变教育观念，树立现代教育思想，在教学过程中体现科学性、先进性、实践性，不断更新教学内容，改革教学方法与手

段；促进教师由知识技能的传播者向教学活动的设计者、组织者、指导者转变，从注重知识传授向更加重视能力和素质培养转变；推动教师恰当运用现代教育技术与方法提升教学水平，增强教学效果，激发和培养学生学习兴趣以及独立思考、自主学习的能力；促进科研能力强、学术水平高的教师把最新成果带进课堂，以培养学生的创新精神和实践能力为核心，较好地解决了教书与育人相脱节，科研与教学相脱节，理论与实践相脱节的突出问题

4. 锻炼了教学队伍，丰富了改革经验

精品课程的建设极大地促进了教学队伍的建设，本科教学的中心地位不断巩固。以精品课程建设为契机，四川省省属本科院校高校制定和完善了相关配套措施，充分调动学院、教师参与精品课程建设的积极性，鼓励广大教师积极投身课程建设及改革。各高校均设立专项资金，并制定奖励政策，在工作量的计算上，在教师晋升职称上，向参加精品课程建设的教师倾斜。由于课程建设涉及每位教师，国家、省级、校级三级精品课程体系的构建带动了超过 70％的老师投身于课程的改革与建设工作，绝大部分教师教育思想观念得到更新、教育教学能力得到加强，其所主持或主讲的课程质量得到了不同程度的提高。

同时，通过精品课程建设，有力地促进了名师、教授上讲台并承担课程建设任务，四川省属本科院校基本形成了一支高水平专家领衔，中青年教师为主体的课程教学队伍，一大批国家有突出贡献专家、国家教学名师、国务院政府特殊津贴获得者、教育部优秀人才支持计划人选、四川省有突出贡献专家、四川省学术与技术带头人、四川省教学名师走上讲台，主持精品课程的建设工作；凝聚了一批由高水平专家和中青年教师组成的结构合理、人员配置优化的课程教学团队，形成了"以老带新、以新促老"的良好局面，一大批中青年教师在精品课程建设中得到了极大的锻炼，迅速成长为教学骨干，成为推动高等教育教学改革尤其是课程建设的中坚力量。

5. 建设制度不断完善，建设机制日趋成熟

通过精品课程的建设，四川省属本科院校普遍建立了符合自身实际、具有自身特点的《课程建设规划》、《课程建设管理办法》等课程建设制度，形成了自身校级精品课程的评审和建设机制，建立了省级、国家级精品课程的选拔机制；探索了课程建设管理与监控机制，对精品课程网络连通状态、资源更新状况、课程录像全程上网情况、网站访问量及师生互动情况等进行了过程监控和管理，为精品课程建设的持续开展奠定了较为良好的基础。

同时，各校普遍在如评奖评优、教学考核、职称评审等人事制度中，对精品课程负责人和主讲教师进行了大力倾斜和扶持；在经费划拨上，对精品课程建设给予了大力支持，有力地调动了教师开展课程建设的积极性，促进了课程建设。

在加强课程建设的同时，四川省省属本科院校基本能努力加强课程建设的过程管理与质量监控，不断完善课程检查与评估制度，坚持年度检查与随机抽查相结合，促进高校按照教育部及省教育厅要求，加强课程后续建设工作。尤其从

2007 年起，四川省连续三年组织对省级以上精品课程进行全面检查。检查内容主要包括精品课程网络连通状态、资源更新状况、课程录像全程上网情况、网站访问量及师生互动情况等，并将检查结果以一定的方式进行发布，以此督促精品课程建设团队密切关注应用，持续提升建设质量。同时，在省级精品课程的申报中，对年度检查优秀的学校进行申报数额的倾斜，对年度检查较差的学校限制立项，极大地促进了省属高校建设的积极性，推动高校更加注重精品课程的内涵建设。

6. 课程质量不断提高，教学成效日益明显

通过精品课程建设工作的开展，四川省省属本科院校各专业课程体系不断得到优化、教学内容不断更新、教学方法日益改进，课程特色得到加强，网络教学资源不断丰富并在实际教学中得到了一定程度的运用，一定程度上促进了教师转变教学观念、改变教学行为；促进了自主性学习资源的开发、开放和运用，教学方式的转变，促进了学生学习观念的转变和学习方式的提高，一定程度上促进了教学质量的提高，使学生受益。

（二）建设经验

通过对四川省属高校精品课程建设情况的考察与分析，发现四川省属本科院校在精品课程建设方面积累了较为丰富的经验，为进一步加强课程建设奠定了基础，主要包括：

1. 强化认识，转变观念是建设精品课程的前提

在实施精品课程中，质量建设的重视程度是一个首先必须解决的问题。这一重视不仅仅要体现在学校重视、领导重视、学院重视，更要体现在每一位师生员工，尤其是每一位教师的重视，要切实将实施精品课程转变为每一位师生员工的主动行为。

精品课程的建设需要全面转变教育思想观念，涉及人才培养定位的确立、课程目标的设定，教学理念的转变，在全员重视的基础上，还必须推动全员教育思想观念的转变。要切实提高质量仅仅有思想上的重视是远远不够的，教育观念的转变更为重要和必要。高等教育大众化以来，我国的本科教育特点已经发生了深刻的变化，高校的办学定位、办学目标、课程目标、教学内容、教学方法等等都发生着深刻的变革，如果没有思想观念的深刻变化，依然以旧思想、旧方法应对新形势、新问题，必然阻碍课程建设质量的不断提高。

2. 科学规划，精心组织是建设精品课程的基础

精品课程的建设是一项系统行为。实施精品课程要实现什么样的目标、达到什么样的效果、如何有序实施需要充分论证和设计。在精品课程实施之初，需要专门安排方案规划阶段。在这一阶段，四川省属本科院校普遍立足自身实际、深入分析问题，并在一定范围内调研了同类学校的情况，对精品课程的实施进行了科学规划，在此基础上，立足学校总体定位和实际需要对精品课程进行了总体规划，努力确保精品课程的分步实施。

在科学规划的基础上，四川省省属本科院校对项目实施进行了精心的组织：在项目立项建设前，各项目负责人立足现实基础，对项目进行充分设计和论证；在项目立项建设过程中，学校组织专家对项目进行严格的评审，提出建设意见和立项意见；在项目建设过程中，学校定期组织中期自查和中期检查，确保项目按计划顺利进行。这些措施较好地保障了精品课程的顺利实施。

3. 专家领衔、团队合作是建设精品课程的关键

没有好的教师，就没有好的教育。精品课程作为具有较高建设标准的一流示范性课程，在建设过程中，师资队伍的教学水平、学术水平十分重要。因而，在本科层次的精品课程建设过程中，教育部也明确规定了课程负责人应为教授的基本条件，鼓励教授、副教授走上讲台，主持课程的建设工作。但是课程建设的工作涉及面广，既包括理论教学，又包括实践教学，既要进行学科前沿的研究，又要进行教学改革的探索；既要完成课程教学的任务，又要加强对学生的指导，仅仅依靠名师、名专家远远不够。同时，精品课程的建设过程，也是教学队伍的建设过程和教学能力的提高过程，因而精品课程必须是一项全员参与的集体行动，没有教师和学生的广泛参与，精品课程就会沦为纯粹的项目申报，而难以产生具体的实效。四川省省属本科院校普遍在精品课程项目实施过程中，特别强调教师的广泛参与，尤其注重"以老带新、以新促老、团队合作"的建设机制的形成，不断提高精品课程项目的参与面，发挥其应有效益。在课程建设中，教师普遍能够积极参与、加强投入、共享经验，自身也得到了充分发展。

4. 内容更新、方法改革是建设精品课程的核心

课程建设的问题关键要解决"教什么"、"学什么"、"怎么教"、"怎么学"的问题，"教什么"、"学什么"的问题直接指向于教学内容，"怎么教"、"怎么学"直接指向于教学方法。课程教学内容的更新需要依据三个方面的内容，一是要立足学科发展的前沿，加快新知识的传递速度；二是要面向经济社会发展一线，加强教学内容的适用性和针对性；三是要针对学生实际，根据不同层次、不同类型、不同需要的学生选择适宜的教学内容，增强学生学习的兴趣。

教学方法的改革则要注意选择适合的教学方法和手段，适合的教学方法在于：一是要适合教学内容，无论讲授、讨论、探究、研究、参与式等教学方法都有其适宜的课程类型，其关键在于课程教学内容的需要，如针对一些基本原理的教学，选用体验式、参与式的教学方式可能会提高教学的效果，但却有可能减低教学的效率；二是要适合教师自身的实际，有的教学方法对一些教师非常实用，而一些教学方法对教师则不一定适合，如参与式教学需要很强的教学组织能力和教学调控能力，对于经验欠缺的年轻教师则不一定适合；三是要适合学生的特点，要选择适宜于学生的教学方法，不同类型、不同背景的学生的知识基础、能力基础、思维方式存在不同的差异，没有一种教学方法适应于所有不同类型的学生，因而在教学方法的选择上，更要注重量体裁衣，因材施教。

5. 规范管理，提高实效是建设精品课程的保障

精品课程项目建设是一项推进教学改革、提升教学质量的创新性举措，在课程建设过程中规范管理、强化监控是确保建设质量的基础。四川省省属本科院校在建设过程中不断规范项目立项管理和过程管理，在项目建设过程中，教育部、四川省教育厅也组织了多轮精品课程的检查和复核工作，初步探索、建立了与精品课程建设相适应的课程评价体系；同时，积极组织专家评价、学生评教等工作，较好地促进了精品课程建设的深入推进，确保了项目建设的顺利进行。

同时，精品课程建设有两个方面的重要内容，一方面是要进行课程建设，另一方面是在教学过程中有效使用，切实提高建设实效。在建设过程中如果不重实际过程的使用，精品课程的建设就会流于形式，失去其存在和建设意义。四川省省属本科院校在精品课程建设过程中，坚持推进网络教学资源的运用，开放了精品课程网络建设平台，对网络资源进行动态管理，并开设了在线答疑、在线测试等互动平台，有力推进了教学方式和手段的改革，促进了教学质量的提高。

6. 突出创新，凸显特色是建设精品课程的重要支撑

精品课程的建设要凸显一流的建设标准，要求课程具有较强的创新性和特色。创新是课程不断发展的内在要求，要求课程对原有的教学内容、教学方法、教学模式、教学手段进行创造性的变革；创新要基于现实的教学问题，同时要面向课程教学的目标，通过创新使课程实施达到预期的成效。因而，在精品课程建设的过程中，必须十分重视创新，将创新的意识贯穿于课程建设的全过程，使之成为一种意识、一种理念、一种行为和一种习惯。

同样，特色对于精品课程的建设具有十分重要的意义，在一定程度上说，特色是课程的生命力，关系到课程建设的成败，决定课程建设的核心竞争力，影响着课程在同类课程中的地位和水平。同时，多元化、特色性课程的建设更有利于多元化课程体系的建设，有利于形成精品课程建设百家争鸣、百花齐放的局面。因而，在精品课程建设中，要十分重视特色的形成和凝练，不断强化课程的特色意识，提升课程的特色水平，实现课程的特色发展。

三、四川省省属本科院校精品课程建设存在的问题

近年来，随着精品课程建设工作的不断深入，研究者、教师及精品课程的参与人员对于精品课程的研究也不断增多，尤其是针对精品课程建设中普遍存在的问题，有研究者综合分析目前精品课程建设情况和研究情况，认为精品课程建设存在几个误区：注重简单形式，把精品课程建设工程演绎成了一个建设网站的过程；追求流行，盲目套用先进教学方法，脱离自身实际；采用拿来主义，简单仿效成功案例，不注重自身实际与特色；精品课程单为评审而建，成果不应用于日常教学，建而不用；单一的网上评审的形式，使得部分虚假材料出现[1]。

---

〔1〕 郝春雷，邵军，高校精品课程建设误区透析〔J〕. 中国成人教育，2010，(5).

　　四川省省属本科院校虽然在精品课程建设过程中开展了大量的工作，取得了较好的成效，并积累了较为丰富的经验，但是在课程建设中依然存在一些问题。主要表现在：

（一）重申报、轻建设的问题不同程度的存在

　　部分学校的部分教师重视了精品课程建设的重要性，却没有领会精品课程建设的内涵，尚不能把握精品课程建设的内涵，把精品课程建设工程理解为"评奖工程"，把精品课程建设项目理解为终身荣誉，没有认识到精品课程建设包括建设、发布、应用、共享、评价等环节，其中课程资源建成后的共享与应用是关键点和落脚点。在后续建设过程中，没有很好地贯彻建设计划、开展建设工作。甚至有个别学校也没有认真研究精品课程建设的管理和评价问题，致使课程建设与"高质、共享、示范"的要求有相当的差距。2009 年四川省对 2003 年立项的 61门课程进行复核，其中 30 门课程被暂缓通过，这更证明了"重申报、轻建设"的问题不同程度的存在。

（二）精品课程建设不平衡，不同层次院校之间差距明显

　　截至 2010 年底，四川省省属本科院校共建设本科层次国家精品课程 23 门，本科层次省级精品课程 572 门；23 门国家精品课程分布于 10 所院校，尚有 34 所高校没有国家精品课程；572 门精品课程分属于 36 所高校，尚有 8 所高校（主要为独立学院）没有省级精品课程，虽然精品课程的建设主要立足一流的标准，并非所有院校都要建立精品课程，但是精品课程是衡量学校课程建设水平的标志之一，在一定程度上表明一些学校的课程建设总体水平还不高，还有待进一步加强。

　　同时，与区域内部委属院校相比较，四川省省属本科院校的国家精品课程建设数量也还处于一个相对较低的水平，甚至全省省属本科院校的立项数尚达不到部分部属高校 1 所学校的建设数量，这与长期以来省属院校经费局限、队伍建设落后具有十分紧密的关系。

（三）学科分布不均，不同学科之间差异较大

　　根据第一章对四川省省属本科院校学科结构的考察和分析，四川省省属本科院校共建有 10 个一级学科下的 64 个二级学科门类中的 238 个专业，建有专业点数为 1217 个，而精品课程涵盖的二级学科，除马克思主义理论课程与思想品德课和文化素质教育课程外，涵盖 59 个二级学科类（其中有部分课程归属于所在学科门类，还不能与 64 个二级学科类进行匹配），还有测绘类等部分门类学科类没有 1 门省级精品课程，这可能与这些二级学科门类包括的专业办学历史不长、办学基础较差有关，也可能与这些专业与部分相近专业共建共享精品课程有关，但无论如何，这种情况仍然值得重视。

同时，在精品课程建设中，不同类别之间的差异很大，单一二级学科门类精品课程最多的电气信息类，省级精品课程数达到 61 门，而最少的矿业工程类、材料科学类、环境科学类、力学类、统计学类、护理学类、口腔医学类、草业科学类、水产类等类别则只有 1 门省级精品课程。这固然与举办的专业点数、举办的时间等有关，但仍然要注意，应该在不同的学科门类加强精品课程的建设，以提升所有专业的课程建设水平。

（四）重网站建设，轻实际改革的现象不同程度的存在

由于精品课程的评审主要通过网络进行，致使一些学校将建设的重点放在课程网站的建设，尤其是网络形式、页面美观等方面的建设上，而对于处于课程建设核心层次的教学内容改革、教学方法改革、评价办法改革却处于相对落后的局面。在课程建设的过程中，这些学校简单地将现有的资源"移植"到网络上，实质性的改革举措较少，致使精品课程的建设过程异化为网络资源的建设过程，没有对课程本身进行全方位、大力度的改革，致使课程建设成效大打折扣，没能实现预期的目标。

（五）网络资源建设不足，示范辐射尚不明显

在精品课程建设过程中，高校和各课程团队虽然普遍认识到网络资源建设的重要性，但是由于观念还没有得到完全的转变、技术条件和能力缺乏等原因，精品课程建设的网络资源仍然比较落后，展示性的材料多、能实际运用的材料较少，课程教学录像等精品课程建设的核心资源更显不足，一些课程的网络资源难以在实际教学过程中得到运用，这也使课程建设的效果大打折扣，没能达到示范共享的目的。

第二节　四川省省属本科院校精品课程建设的思考与建议

一、精品课程的基本内涵

课程（curriculum）一词最早出现在英国教育家斯宾塞《什么知识最有价值?》一文中。它是从拉丁语"currere"一词派生出来的，意为"跑道"。根据这个词源，最常见的课程定义是"学习的进程"，简称学程。随着课程研究的不断深入和课程实践的不断丰富，课程的定义繁多，大致可归纳为六种类型，一是课程即教学科目；二是课程即有计划的教学活动；三是课程即预期的学习结果；四是课程即学习经验；五是课程即社会文化的再生产；六是课程即社会改造[1]。

精品课程这一概念由教育部提出，2004 年时任教育部副部长的吴启迪曾对

---

〔1〕 施良方. 课程理论——课程的基础、原理与问题［M］. 北京：教育科学出版社，1996：3—7.

精品课程内涵作了高度的概括："国家精品课程就是具有一流教师队伍、一流教学内容、一流教学方法、一流教材、一流教学管理(即"五个一流")等特点的示范性课程。"在精品课程评审中，教育部又明确提出"精品课程是指具有特色和一流教学水平的优秀课程"。

随着精品课程实践经验的丰富，关于精品课程的内涵也逐步丰富。有研究者通过梳理认为，目前对精品课程概念的理解存在不同看法，归纳起来，主要有以下几种：第一是基于课程构成要素的表述。以教育部文件和领导的主流表述为代表，认为精品课程是具有一流教师队伍、教学内容、教学方法、教材、教学管理的示范性课程。到目前为止，大多数研究都是基于这种认识开展相关探讨，并且对"五个一流"的解读也基本一致。第二是基于"精品"含义的理解。这种表述强调精品课程的优秀品质和独特性，认为"精"在于具有先进的教育思想、丰富而新颖的教学内容、精深的教学艺术、先进的教学方法和现代化的教学手段、严格的教学管理、优秀的教学效果。"品"在于教学改革、教师队伍、课程品牌等方面有特色，有较高的知名度。第三是基于同类课程的比较。这种观点认为精品课程是相对于一般课程而言的、高水平且有特色的课程，强调其不同于凡品的出类拔萃，高水平无特色或低水平有特色都不是精品课程。第四是基于课程功能与价值的解读。从现实功能看，提高人才培养质量是精品课程的出发点和落脚点，要融知识传授、能力培养及素质教育于一体。从价值关怀看，精品课程是一种引导学生追求真、善、美的活动。第五是基于层次类型的解读。这种观点认为精品课程是一个相对的概念，是在众多高水平课程中优势比较全面、特色比较明显的课程，可分为国家、省、校三个层次的水平，同时研究型大学、一般本科、高职高专等不同院校以及理论性课程、应用性课程、实验课等不同课程类型都可以有自己的精品课程[1]。除此之外还有一些不同的观点，如郑家茂把"精品课程"划分为"精品"与"课程"两个关键词。他指出现代大学"课程"是一个多重性的复杂概念，是由"课"、"实践教"、"自主研学"、"网络平台"等不同范畴组合而成的综合概念。而"精品"并不是一般意义的"好东西"，"精品"的主要特征是超越平庸的、具有精华意义的高层次(品第)、高质量(品质)、高品位的物品。因此精品课程是一个完整的课程体系，既包括单一课程、也包括系列课程，直至围绕着某个核心目标展开的课程群组，是能够使多数人从中受益的课程。而且精品课程应体现出其"品位"———能够充分展现课程的知识性之外的审美性价值，尤其体现出大师级的教师在实施课程时的纵横捭阖，使得学习者能够"沉醉"在教育者所创设的课程情境中[2]。

在精品课程评审过程中，精品课程评审指标体系对精品课程的建设内涵进行了具有可操作性的界定，首先从整体上提出：精品课程建设要根据人才培养目

〔1〕 黄新斌. 我国高校精品课程研究的进展 [J]. 当代教育科学，2010，(17).

〔2〕 郑家茂. "课程"与"精品的课程"："精品课程"解读 [J]. 国家教育行政学院学报，2005，(5).

标，体现现代教育思想，符合科学性、先进性和教育教学的普遍规律，具有鲜明特色，并能恰当运用现代教育技术与方法，教学效果显著，具有示范和辐射推广作用。精品课程的评审要体现教育教学改革的方向，引导教师创新，并正确处理以下几个关系：在教学内容方面，要处理好经典与现代的关系。在教学方法与手段方面，以先进的教育理念指导教学方法的改革；灵活运用多种教学方法，调动学生学习积极性，促进学生学习能力发展；协调传统教学手段和现代教育技术的应用，并做好与课程的整合。坚持理论教学与实践教学并重，重视在实践教学中培养学生的实践能力和创新能力。在具体指标上，精品课程评审指标体系也进行了明确的界定，体现了明确的价值导向[1]。

（一）教学队伍

精品课程建设对教学队伍的要求有三个方面。

一是课程负责人与主讲教师。考察教师风范、学术水平与教学水平，要求"课程负责人与主讲教师师德好，学术造诣高，教学能力强，教学经验丰富，教学特色鲜明。课程负责人近三年主讲此门课程不少于两轮"。在精品课程建设中，要求课程负责人及主讲教师切实承担课程教学任务，指导课程实践，开展教学研究与改革工作，并通过对教师主持的科研项目、取得的科研成果、获得的科研奖励等考察教师的学术能力。

二是教学队伍结构及整体素质。考察知识结构、年龄结构、人员配置与青年教师培养，要求"教学团队中的教师责任感强、团结协作精神好；有合理的知识结构、年龄结构和学缘结构，并根据课程需要配备辅导教师；青年教师的培养计划科学合理，并取得实际效果；鼓励有行业背景的专家参与教学团队"。要求课程形成合理的教学团队，主要对教师的结构、青年教师培养的措施、培养的成效进行考察。

三是教学改革与研究。考察教研活动与教学成果，要求"教学思想活跃，教学改革有创意；教研活动推动了教学改革，取得了明显成效，有省部级以上的教学成果、规划教材或教改项目；发表了高质量的教研论文"。主要要求教师开展教研活动和教育改革，并取得一定的教育教学成果。

（二）教学内容

精品课程对教学内容的要求包括课程内容和教学内容组织两个方面。

课程内容重点考察课程内容的设计，通过对课程历史发展，课程在专业培养目标中的定位与课程目标，课程教学大纲等进行综合考察，有两个方面的要求：一是"课程内容设计要根据人才培养目标，体现现代教育思想，符合科学性、先进性和教育教学的规律"；二是"理论课程内容经典与现代的关系处理得当，具

---

〔1〕 教育部. 2010 年国家精品课程评审指标(benke). http://www.jpkcnet.com/new/

有基础性、研究性、前沿性，能及时把学科最新发展成果和教改教研成果引入教学；实验课程内容（含独立设置的实验课）的技术性、综合性和探索性的关系处理得当，能有效培养学生的实践能力和创新能力"。在建设过程中，要求课程不断更新教育思想观念，积极引入学科前沿发展成果和教育教学成果，认真组织课程内部各部分之间的逻辑关系和心理顺序，不断提升课程内容的科学性、合理性。

教学内容组织重点考察教学内容组织与安排，通过对知识模块顺序及对应的学时，课程的重点、难点及解决办法的考察进行，具体考核课程的授课教案、授课课件等内容，要求"理论联系实际，课内课外结合，融知识传授、能力培养、素质教育于一体；鼓励开展相关实习、社会调查或其他实践活动，成效显著"。在建设过程中，要求课程将第一、第二课堂打通，开展各类实践活动，这事实上已经突破了原有课程实验（实践）的范畴。

（三）教学条件

精品课程对教学条件的要求主要包括教材及相关资料、实践教学条件、网络教学环境等三个方面。

在教材及相关资料中重点考察教材及相关资料建设，要求"选用优秀教材（含国家精品教材和国家规划教材、国外高水平原版教材或高水平的自编教材）；课件、案例、习题等相关资料丰富，并为学生的研究性学习和自主学习提供了有效的文献资料；实验教材配套齐全，能满足教学需要"。包括四个方面的内容，一是教材选用与建设、二是实验配套教材建设、三是课件、案例、习题等自主学习资源建设、四是相关的文献资料建设。

在实践教学条件中重点考察实践教学环境的先进性与开放性，要求"实践教学条件能很好满足教学要求；能进行开放式教学，效果明显（理工类课程能开出高水平的选作实验）"。重点突出两个方面的条件，这一要求是教学内容所规定的要求；另一方面提倡学生自主实验和训练，发展学生的兴趣，要求能对实践教学条件进行开放，并能有高水平的、设计性和综合性选作实验。

在网络教学环境中重点考察网络教学资源和硬件环境，要求"学校网络硬件环境良好，课程网站运行良好，教学资源丰富，辅教、辅学功能齐全，并能有效共享"。网络教学环境是精品课程实现示范和共享的重要保证，要求具有良好的硬件环境，方便浏览和使用，可供评估机构和人员随时进行检查；另一方面是课程的网络资源，这是实现共享和示范的核心，要求资源丰富，自主性强。

（四）教学方法与手段

精品课程对教学方法与手段的要求主要包括教学设计、教学方法、教学手段三个方面。

在教学设计中重点考察教学理念与教学设计，要求"重视探究性学习、研究性学习，体现以学生为主体、以教师为主导的教育理念；能根据课程内容和学生特点，进行合理的教学设计（包括教学方法、教学手段、考核方式等）"。在理念上，倡导学生主体，在方法选择上，倡导以学生为中心的探究性、研究性、参与式等教学方式；要求在教学设计中体现出学生特点和课程内容的结合，明确表达了精品课程建设应以学生为中心、以学生发展为中心的价值取向，这就要求教师改变原有传统以教师为中心、以学科知识和逻辑结构为中心的教学设计转变面向学生需要、以学生为中心的教学设计。

在教学方法中重点考察多种教学方法的使用及其效果，要求"重视教学方法改革，能灵活运用多种恰当的教学方法，有效调动学生学习积极性，促进学生学习能力发展"。精品课程要求对教学方法的选择要十分注重合理性，不提倡盲目跟风、套用流行名词、套用流行方法，关键在教学对学生的效果。在建设过程中，精品课程要更加注意课程内容特点、学生身心特点，选择适当的教学方法。

在教学手段中重点考察信息技术的应用，要求"恰当充分地使用现代教育技术手段开展教学活动，并在激发学生学习兴趣和提高教学效果方面取得实效"。精品课程的建设在很大程度上是教学方式与手段的变革，教学媒介发生了很大的变化，课程建设要求能达到学生自主学习的要求，这对技术的要求很高；另一方面，由于现代社会知识更新速度的不断加快，学科前沿知识的教学对信息技术的运用提出了更高的要求。

（五）教学效果

精品课程在评审立项时对教学效果的考察主要包括同行及校内督导组评价、学生评教、录像资料评价等三个方面。

同行及校内督导组评价主要考察校外专家及校内督导组评价与声誉，要求"证明材料真实可信，评价优秀；有良好声誉"。这一方面要求课程要具有较高的社会影响，受到同行专家的认可；另一方面则要求课程在建设过程中建立起自身的独到评价体系，保证课程的建设质量。

学生评教主要考查学生评价意见，要求"学生评价原始材料真实可靠，结果优良，应有学校教务部门出具的近三年的学生评教数据的佐证材料"。这一方面体现出精品课程以学生为中心的特点，另一方面则要求学校教学管理部门构建自身的评教体系，切实推进学生评教的工作。

录像资料评价主要考察课堂实录，要求"能有效利用各种教学媒体、富有热情和感染力地对问题进行深入浅出的阐述，重点突出、思路清晰、内容娴熟、信息量大；课堂内容能反映或联系学科发展的新思想、新概念、新成果，能启迪学生的思考、联想及创新思维"。这是专家通过网络平台对课程教学效果的直接评价，指标体系对精品课程倡导的教学价值进行了阐述和界定；同时，由于精品课程建设过程要求全程录像上网，课程录像的建设水平更成为精品课程建设的重要建设内涵。

（六）特色、政策支持及辐射共享

精品课程建设中对特色、政策支持及辐射共享一项，应重点考察特色与创新点、学校的政策措施、辐射共享措施和未来建设计划等三个方面。

特色与创新点主要通过课程自身提炼的创新性、课程在国内的同比水平、课程存在的不足等方面进行考察。在精品课程建设过程中，特色和创新始终处于十分重要的位置，是课程建设达到一流水平的重要体现和支撑，特色要体现出"人无我有、人有我优、人优我特"的特点，创新则要体现出优质性、创造性的特点。

学校政策措施的考察主要对学校的政策文件、实施情况、实施效果进行考察，要求学校创新管理办法，加大对课程建设的支持、鼓励和扶持，这是对教学管理的重大要求，也是学校更新管理、创新机制、改变管理的重要体现。

辐射共享措施和未来建设计划主要考察课程建设的未来规划，努力引导课程由一个评审过程向一个建设过程转变。在精品课程建设过程中，为了促进优质资源的示范共享，要求课程在申报时提出明确的课程资源上网计划，在建设过程中逐步完成课程资源的全程上网，逐步实现精品课程建设的示范和共享功能。

通过对精品课程建设内涵及建设要求的分析可以发现，精品课程建设内涵上要注意几个关键问题：

一是精品课程建设是一个组合行动。精品课程建设包括师资队伍、教学内容、教学方法、教材建设、教学管理等方方面面，相互之间形成有机的联系，在课程建设中缺一不可。正如有研究者明确提出：建设精品课程重心是师资队伍；核心问题是课程内容建设；关键环节是教材建设；现代化教学方法和手段是重要途径[1]。

二是精品课程是具有特色的一流课程。精品课程的建设明确提出了一流教师队伍、一流教学内容、一流教学方法、一流教材、一流教学管理五个一流的标准，要求课程具有一流的水平，而课程的一流水平是建立在牢固的特色的基础之上的，一方面没有特色就达不到一流的建设水准；另一方面精品课程只有立足于特色才能找到自身准确的定位，才能明确自身一流的标准，才能实现课程一流的建设目标。

三是精品课程是一个建设过程。精品课程的评审仅仅是关于精品课程立项建设基础的审查，选择前期基础好的课程进行立项建设，而精品课程的建设尤其是网络教学资源的建设才是精品课程的重要建设任务，要建设一流的课程及课程资源就需要对教学理念进行更新、对教学内容进行调整、对教学组织进行完善、对教学方法进行改革，并将其转换为数字资源、网络资源。

四是精品课程建设是一个示范共享的课程。教育部将精品课程定义为"示范

〔1〕 宋生瑛. 高校精品课程建设中应注意的几个问题 [J]. 黄河科技大学学报，2008，(3).

性"课程，目的在于通过一批优质课程的建设，形成课程改革的经验、完善课程建设的模式、建立优质的课程资源，通过网络平台的开放，带领同类型、同专业课程建设的不断发展，不断提高课程建设的质量，促进人才培养质量的提升。

二、精品课程建设的基本内容

课程作为学校教育教学工作的一个基本单元，在建设过程中面临着课程目标的确定、课程内容的选择与组织、课程实施、课程评价等诸多环节，精品课程的建设在此基础上还有相应的建设内容要求。2003 年 4 月 8 日，教育部印发《教育部关于启动高等学校教学质量与教学改革工程精品课程建设工作的通知》明确提出，高等学校建设精品课程要重点抓好以下七个方面的工作：

（一）制订科学的建设规划

教育部提出"各高等学校要在课程建设全面规划的基础上，根据学校定位与特色合理规划精品课程建设工作，要以精品课程建设带动其他课程建设，通过精品课程建设提高学校整体教学水平"。

在精品课程建设过程中，明确要求高等学校对自身的课程建设进行全面合理的规划，一是要结合学校定位和特色建设精品课程；二是要通过精品课程建设带动其他课程建设。事实证明，只有学校进行科学合理的规划，才能有效保证课程建设的实施。

同时，在学校制定课程建设规划的基础上，各门精品课程更要制定自身的建设计划，一是要总结课程建设的优质经验，明确自身的建设特色和建设优势，夯实精品课程建设的基础；二是要结合经济社会发展对人才的需要、学科知识的发展、教育教学的实际效果等加强对自身问题和不足的查找，明确课程所要解决的关键和难点问题；三是要加强行动方案的制订，分阶段、分步骤加强课程建设各项工作的组织与安排，确保课程建设的顺利推进和建设目标的顺利实现。

（二）切实加强教学队伍建设

教育部提出，"精品课程要由学术造诣较高、具有丰富授课经验的教授主讲，要通过精品课程建设逐步形成一支结构合理、人员稳定、教学水平高、教学效果好的教师梯队，要按一定比例配备辅导教师和实验教师。鼓励博士研究生参加精品课程建设"。

对于高校而言，如何配备课程主讲教师是一个重要问题，首先需要建立有力的政策措施促进教授、副教授上讲台，承担课程教学任务；二是要积极发挥高水平学科带头人和学科专家的领衔作用，以专家为核心，建设课程、实施课程和发展课程；第三则需要灵活教师使用机制，促进教师开展教学辅导和教学实验；同时更可适当地吸引校外兼职人员、校内博士研究生参与工作。

对于具体课程而言，重点则要加强自身教学梯队的建设，形成合理的教学团队，完善以老带新、以新促老的建设机制，促进课程团队整体教学水平的不断提高，要在课程组内部分工协调，发挥所长，形成教学团队的整体合力，提高课程质量。

（三）重视教学内容和课程体系改革

教育部提出，"要准确定位精品课程在人才培养过程中的地位和作用，正确处理单门课程建设与系列课程改革的关系。精品课程的教学内容要先进，要及时反映本学科领域的最新科技成果，同时，广泛吸收先进的教学经验，积极整合优秀教改成果，体现新时期社会、政治、经济、科技的发展对人才培养提出的新要求"。

对于高校而言，在精品课程建设过程中，首要完成的工作是在学校定位的基础上明确精品课程在整个人才培养中的关系，处理精品课程与整个课程系列的横向联合和纵向联系的关系，这也是教育部始终坚持鼓励专业基础课程进行申报和建设的重要原因。只有理清了精品课程在人才培养中的地位和作用，才能发挥精品课程在整个课程建设中的核心作用，才能不断地以精品课程为示范和引领促进系列课程的改革和建设。

对于课程组而言，这需要完成两个方面的建设内容。一是要加强对本学科领域前沿发展动态的研究和了解，并将之转换为教学内容，也就是说在精品课程建设过程中要正确处理科研工作与教学工作的关系，要坚持以科研促教学，努力保持课程教学的先进性；二是要加强教学改革与研究，根据经济社会发展对于人才的要求，吸收、推广教学经验，整合利用教改成果，不断提升自身的教学水平和能力。

教学内容和课程体系改革的问题是精品课程建设的核心问题，也是课程研究的核心问题，要重点解决"教什么"的问题，这要求精品课程建设主体在建设过程中不断研究经济社会发展需要，不断研究学科发展动态，不断研究教学改革发展情况，努力保持内容的先进性，实现一流的教学内容，保证课程的建设水平。

（四）注重使用先进的教学方法和手段

教育部要求，"要合理运用现代信息技术等手段，改革传统的教学思想观念、教学方法、教学手段和教学管理。精品课程要使用网络进行教学与管理，相关的教学大纲、教案、习题、实验指导、参考文献目录等要上网并免费开放，鼓励将网络课件、授课录像等上网开放，实现优质教学资源共享，带动其他课程的建设"。

教学方法和教学手段的改革涉及课程建设的另一个核心，即"怎么教"的问题。在精品课程建设中，倡导研究性学习、探究性学习，更强调合理选择教学方法开展课程实施与教学工作。什么样的方法是合理的教学方法，必须根据学科特点、专业特性、课程特征和教学对象来确定，理论课程的教学和实践课程的教学不同，研究型大学和教学型大学的同样课程的教学方法也可能存在不同。

在精品课程建设中，教学方法与教学手段的另一个重要转变就是要利用网络进行教学和管理。一方面要将课程教学上网、开放，带动其他课程的建设；另一方面网络教学要应用于自身教学之中，将原有传统的面对面的教学情境转变为面对面和在线教学相结合的混合情境，提高课程教学的效率，这对习惯于传统教学的教师是个重大的挑战，既需要思想观念的转变，更需要实际行为的转变。

在教学方法与教学手段改革的过程中，对于学校和精品课程建设团队而言，网络教学平台的搭建十分重要。由于具体课程团队的技术力量有限，网络平台的建设存在较大困难，这就更需要学校组织专门的技术力量进行开发和建设。

（五）重视教材建设

教育部要求，"精品课程教材应是系列化的优秀教材。精品课程主讲教师可以自行编写、制作相关教材，也可以选用国家级优秀教材和国外高水平原版教材。鼓励建设一体化设计、多种媒体有机结合的立体化教材"。

教材建设是课程建设的重要内容，更是精品课程建设的主要指标之一。在精品课程建设中，既要求进行优秀教材的建设，同时也鼓励选用高水平的教材。精品课程建设过程中，精品课程根据自身的教学内容选择、组织与安排，按照学科结构、逻辑顺序和学生心理发展特征进行教材的编写是重要的建设任务之一。但同时更需要根据教学的需要，进行教材的二次开发，根据学科领域的发展、经济社会发展的需要，适时补充资源和内容，并运用现代教育技术手段进行补充性的开发和设计，努力形成立体化、多媒体、网络型的教材体系，满足课程建设和发展的需要。

（六）理论教学与实践教学并重

教育部要求，"要高度重视实验、实习等实践性教学环节，通过实践培养和提高学生的创新能力。精品课程主讲教师要亲自主持和设计实践教学，要大力改革实验教学的形式和内容，鼓励开设综合性、创新性实验和研究型课程，鼓励本科生参与科研活动"。

高等教育的目标是培养具有创新精神和实践能力的高层次人才。创新精神和实践能力的培养都紧密依靠实践教学活动的开展。从教育部要求来看，精品课程的实践教学既要努力在课程内部开展，也要积极与课外活动相结合，努力培养学生的创新精神和实践能力。

实践教学的开展对精品课程的建设内容提出了新的要求，需要精品课程建设团队转变思想观念，更加重视实践教学，与理论教学相配合，形成培养学生实践能力的新体系；需要对实践教学内容和形式进行进一步的设计和完善，与理论教学形成更加精密的配合；同时更需要精品课程的教师积极参加实践教学，指导学生开展包括科研实践在内的各类创新和实践活动，提升学生的创新精神和实践能力。

（七）建立切实有效的激励和评价机制

教育部要求，"各高等学校要采取切实措施，要求教授上讲台和承担精品课程建设，鼓励教师、教学管理人员和学生积极参加精品课程建设。各高等学校应对国家精品课程参与人员给予相应的奖励，鼓励高水平教师积极投身学校的教学工作。高等学校要通过精品课程建设，建立健全精品课程评价体系，建立学生评教制度，促使精品课程建设不断发展"。

对于激励和评价机制而言，教育部要求高校建立激励机制，鼓励各类人才开展、参与精品课程建设，吸纳高水平教师投身教学工作；并要求高校建立精品课程的评价体系、学生评教的制度，保证课程建设质量的不断提高。

对于具体的精品课程建设而言，课程评价是更为重要的环节，对诊断课程存在的问题、调整课程的内容和实施方法、反思课程的教学价值、预测教育需求、确定课程目标的达到程度具有十分重要的作用。不仅如此，课程评价制度的建设更应作为精品课程建设的重要内容。在精品课程建设中，更应提倡多元的评价方式，根据培养目标和人才理念，建立科学、多样的评价标准，进行课程的绩效考核，更应注重目标评价和过程评价、终结性评价和形成性评价的结合，注重学生实际知识的获得和能力的形成；并通过课程评价诊断课程建设中存在的问题，确定课程建设目标的达到程度，为进一步加强和改革课程建设奠定基础。

综上所述，精品课程的建设是一项系统性的行为，需要高等学校、院系、学科专业、教师乃至学生的共同参与，涉及教学观念、教学条件、教学队伍、教学内容、教学方法、教学手段等各个方面的工作，需要进一步系统规划、整体推进，才能切实实现以课程为核心，全面提升教育教学质量的目标。

三、精品课程建设的基本原则

精品课程建设是一项系统性工程，在精品课程建设中应重点把握以下原则：

（一）系统化原则

精品课程是一项涉及教学队伍、教学内容、教学条件、教学方法、教学管理的系统行为，在建设过程中，必须根据课程建设的实际，整体设计和安排课程建设的问题，系统推进课程各个方面的建设。其中，应坚持以教学内容和教学方法为重点、教学管理与教学条件的建设为保障，教学队伍水平的提高为核心，只有各个方面不断提升水平，达到一流标准才能实现精品课程的建设目标。

（二）精品化原则

精品课程重在"精品"。正如郑家茂所言，"精品"并不是一般意义的"好东西"，"精品"的主要特征是超越平庸的、具有精华意义的高层次（品第）、高质量

（品质）、高品位的物品。只有达到精品的层次，课程才能很好地体现出"五个一流"的建设要求，才能真正形成示范和带动，促进其他同类课程和相关课程的发展。

（三）特色化原则

精品课程的建设应坚持特色化的原则。特色是精品课程的生命，是核心竞争力，精品课程的特色建设应紧密地围绕自身的办学定位、学生群体进行，与自身的建设优势和特点相结合，实现"人无我有、人有我优、人优我特"的精神内涵，以课程的特色提升课程的水平，实现与其他同类课程的差别和互补，提升课程的质量和效益。

（四）示范性原则

精品课程是一流的示范性课程。在课程建设中应坚持将示范放在重要位置。首先要做到课程建设资源的示范性，所有建设的资源应当达到一流的建设标准，能为他人所用、能帮助他人进行教学，能帮助他人提升课程教学的水平和质量；另一方面是建设模式、建设经验应突出示范，在建设过程中，应不断探寻精品课程的建设方法，"授之以鱼，不如授之以渔"，通过建设方法的探寻、建设经验的凝练，更能带动其他课程加强建设，突出精品课程建设的示范带动作用。

（五）网络化原则

精品课程的建设主要依托网络平台进行，网络是一种技术手段，其背后要求课程建设思想、建设观念、建设行为的转变，在精品课程建设中，应将网络资源建设摆在重要的位置。而网络建设应该从方便教师教学和方便学生学习两个角度出发，加强授课教案、课件、参考资料、课程录像等核心资源的建设力度，加大课程答疑、在线测试、教育博客等互动平台的建设力度，提高网络资源的建设实效，提升网络资源的实际应用水平，切实提高精品课程网络资源对教育教学的作用，促进课程质量的不断提高。

四、四川省省属本科院校精品课程建设的思考与建议

针对四川省省属本科院校课程建设中存在的问题，根据精品课程的建设内涵、建设内容和建设原则，在未来建设中，四川省属本科院校应重点注意以下问题：

（一）加强薄弱课程建设，优化课程学科布局

四川省本科院校举办专业众多、学科门类齐全，而课程作为人才培养的重要渠道，在人才培养中担负着重要的职能，部分学科门类精品课程的缺乏，将会制约本领域课程建设总体水平的提高和人才培养质量的提升。在下一步课程建设

中，建议四川省省属本科院校重点针对薄弱学科进行重点建设，给这些学科专业的课程团队创造更好的建设条件，提供更多的建设帮助，快速提高薄弱学科领域课程建设的水平和质量，提升相应学科领域人才培养质量和水平。

（二）以精品课程建设为引领，促进全体课程建设水平的提高

精品课程是示范课程，人才培养质量的提高需要整体课程建设水平的不断提高。在未来的建设过程中，四川省属本科院校更应以精品课程为引领，进一步确立精品课程的核心地位，立足人才培养定位和人才培养目标，推广精品课程建设的成功经验，不断优化课程体系，通过精品课程带动系列化、群组式的课程建设，以精品课程为核心，形成优质课程群，全面改革课程的教学内容、教学方法和教学手段，提高所有课程的建设水平和建设质量，形成课程建设的合力，促进人才培养质量的全面提高。

（三）紧密结合地方经济社会发展需要，不断更新课程内容

在下一步建设中，四川省属本科院校尤其应当注意立足自身的实际和定位，结合四川省发展新兴战略产业、"塔尖"产业和"7+3"产业的需要，以科学研究为支持，加强相应课程的建设支持力度，不断更新课程教学内容，努力使课程建设与经济社会发展相结合，凸显课程建设服务人才培养、服务经济社会发展的功能。

（四）完善课程评价机制，切实加强课程建设

课程的教学管理是精品课程建设的重要内容，课程评价机制的建立和完善，有利于加强课程建设的课程监控和管理，促进课程提升建设水平和建设质量。在下一步建设过程中，建议四川省属本科院校进一步加强对课程评价机制建设，切实解决精品课程建设中存在的"重申报、轻建设"的问题，促进课程建设工作的完成，建立优胜劣汰、可进可出的精品建设机制，对建设情况不好、建设成效不显著的课程暂停其经费资助，直至取消课程建设资格。

（五）立足课程实际特点，加强课程特色建设

课程特色鲜明与否直接决定课程的建设水平。在下一步建设中，四川省属本科院校更应立足分类发展、差异发展、特色发展的原则，立足自身实际，不断加强课程特色的建设，在课程教学观念、建设思路、建设管理制度、建设运行机制、教育教学模式模式、课程体系、教学方法以及解决教改中的重点问题等方面不断需求特色的突破，实现在本类型、本层次的特色定位和发展，不断提升课程的特色水平，提高课程的核心竞争力。

（六）找准课程存在问题，不断加强课程创新

课程的建设过程是课程问题的解决过程，课程的发展需要从解决一个一个课

程存在的问题入手。在精品课程建设过程中，四川省属本科院校应不断查找自身存在的问题和不足，尤其加强对各个院校同类课程建设普遍存在的重点、难点问题的分析和解决，通过创造性地解决问题，提高课程的建设水平和质量，在提升课程建设创新性的同时，实现课程更大的发展。

（七）加强教师队伍建设，提供课程建设保障

师资队伍是课程建设的第一资源。在下一步课程建设过程中，四川省属本科院校更应注重师资队伍的建设：一是要注重对高水平教师的培育，精品课程建设的关键在于课程负责人，要采取有效措施提高课程负责人的教学水平和学术能力，为他们的发展创造更好的条件；二是要进一步建立制度、强化措施，保证教授、副教授上讲台，承担本科教学任务，主持或参与课程建设；三是要通过课程教学团队的建立，优化队伍建设机制，重点加强青年教师队伍建设，为课程的可持续发展奠定人才基础。

（八）加强网络资源建设，推进课程示范共享

精品课程的建设目的在于推进优质课程教学资源的示范共享。在未来的建设过程中，四川省属本科院校应进一步加大对课程资源的建设力度，尤其加强自主性学习资源的建设，形成完备的、丰富的、可利用的课程建设资源，加强课程网络资源在课程教学中的实际运用，加大课程资源的开放和推广力度，不断提升课程自身的社会影响，努力达到示范共享的目的。

第七章　四川省省属本科院校教学团队
建设问题研究

　　学科的丰富和综合、学生需求的多样化以及现代信息技术在教学中的广泛运用，使得高等学校的教师无论是在学术探究上还是在知识传授上都要求密切合作。高校教学团队建设适应了这一需要。建设教学团队，培育可持续发展的教学队伍，对于全面提升教师队伍的整体教学水平，深化教学改革，大力提高教育教学质量具有重要作用。总结几年来四川省省属本科院校教学团队建设的成效与经验，梳理教学团队建设的问题与教训，在理论思考的基础上提出省属本科院校教学团队建设的思路，这对于推进四川省省属本科院校教学团队建设工作的深入开展具有重要意义。

第一节　四川省省属本科院校教学团队建设情况分析

　　2007 年，四川省省属本科院校围绕"质量工程"，全面开展了高校教学团队建设。几年来，教学团队建设取得了可喜的成绩，也暴露出一些亟待解决的问题。

一、四川省省属本科院校教学团队建设情况

　　截至 2010 年，四川省高校共有国家级教学团队立项建设单位 51 个，其中：四川大学、电子科技大学、西南财经大学、西南交通大学 4 所部属院校获得 30 个，占 58.8%；9 所省属本科院校获得 15 个，占 29.4%；高职高专院校获得 6 个，占 11.8%（表 7-1、表 7-2）。全省还立项建设了 232 个省级教学团队，其中：四川大学、电子科技大学、西南财经大学、西南交通大学、西南民族大学和中国民用航空飞行学院 6 所部委（局）直属院校获得 62 个，占 26.8%；28 所省属本科院校获得 110 个，占 47.2%；高职高专院校获得 60 个，占 26.0%（表 7-3、表 7-4）。此外，各高校还建立了 700 多个校级教学团队。

表 7-1　2007—2010 年四川省高校国家级教学团队立项建设情况统计表

单位：个

年份	部委属院校	省属本科院校	省属高职高专	合计
2007	3	1	1	5
2008	10	5	1	16
2009	10	3	2	15
2010	7	6	2	15
合计	30	15	6	51

资料来源：高等学校本科教学质量与教学改革工程网站 http：//www. zlgc. org/index. aspx。

表 7-2　2007—2010 年四川省省属本科院校国家级教学团队立项一览表

学校名称	教学团队名称	立项年度
四川农业大学	动物营养与饲料科学教学团队	2007
	动物预防医学教学团队	2008
	作物科学与技术教学团队	2010
成都中医药大学	中药品质教学团队	2008
	针灸学教学团队	2009
	方剂学教学团队	2010
西南科技大学	电子技术与创新系列课程教学团队	2009
	化学实验教学团队	2010
西南石油大学	石油工程专业教学团队	2008
	矿物与岩石教学团队	2009
成都理工大学	地质工程教学团队	2008
四川师范大学	教师教育系列课程教学团队	2008
西华师范大学	思想政治理论课教学团队	2010
成都信息工程学院	大气探测技术教学团队	2010
四川警察学院	审讯学教学团队	2010

资料来源：高等学校本科教学质量与教学改革工程网站 http：//www. zlgc. org/index. aspx。

表 7-3　2007—2010 年四川高校省级教学团队立项统计表

单位：个

年份	部委属院校	省属本科院校	省属高职高专	合计
2007	16	23	10	49
2008	15	24	11	50
2009	16	28	17	61
2010	15	35	22	72
合计	62	110	60	232

资料来源：四川省教育厅四川教育网：http：//www. scedu. net/structure/index. htm。

表 7-4　2007—2010 年四川省省属本科院校省级教学团队立项统计表

单位：个

序号	学校名称	2007 年	2008 年	2009 年	2010 年	合计
1	成都理工大学	2	2	1	2	7
2	四川农业大学	3	2	2	2	9
3	四川师范大学	2	2	1	2	7
4	西华师范大学	1	2	2	2	7
5	西南科技大学	1	2	1	2	6
6	西华大学	1	2	1	2	6
7	西南石油大学	2	2	2	1	7
8	成都中医药大学	2	1	1	2	6
9	成都信息工程学院	1	1	2	1	5
10	成都体育学院	1	1	1	1	4
11	四川理工学院	1	1	1	1	4
12	四川音乐学院	2	1	1	1	5
13	川北医学院	1	1	1	1	4
14	泸州医学院	1	1	1	1	4
20	成都医学院					1
15	四川警察学院		1		2	3
16	绵阳师范学院	1		1	1	3
18	内江师范学院			1	2	3
19	乐山师范学院				2	2
20	成都学院		1	1	2	4
21	西昌学院	1	1	1	1	4
22	攀枝花学院			1		1
23	宜宾学院			1	1	2
24	四川民族学院				1	1
25	四川师范大学文理学院			1	1	2
26	四川文理学院				1	1
27	西南财经大学天府学院				1	1
28	成都理工大学广播影视学院				1	1
	合计	23	24	28	34	110

资料来源：四川省教育厅四川教育网：http：//www. scedu. net/structure/index. htm。

二、四川省省属本科院校教学团队建设取得的成绩与经验

四川省省属本科院校教学团队的建设，激发了广大教师教书育人的积极性，

对于深化教学改革，提高教育教学质量起到了十分重要的作用。

（一）四川省省属本科院校教学团队建设的成效

如前所统计，2007 年以来，四川省省属本科院校获得了一大批国家级、省级教学团队建设项目，各高校还建设了校级教学团队。具体而言，四川省省属本科院校教学团队建设取得了如下成效。

1. 提升了师资队伍整体水平

通过几年的教学团队建设，在教学团队内部，团队合作增强，教学交流增多，教师的教学业务水平得到了提升。不少高校建立了导师制，老教师对青年教师实行"一对一"的传帮带，缩短了青年教师的入职适应时间。通过教学团队建设，高校师资队伍结构得到了优化，一支结构合理、学术水平较高、年龄梯次优化、职称结构合理的优秀师资队伍正在形成，为培养适合社会需求的高素质人才奠定了基础。

2. 促进了专业建设与课程建设

不少高校以专业或课程为载体，设立了教学团队，这从四川省省属本科院校立项的国家级教学团队可以得到印证（表 7-2）。反过来说，教学团队建设也直接促进了专业建设或课程建设。各级教学团队集中集体智慧，结合专业特点，修订和完善人才培养方案，所制定的课程梯度衔接科学、专业体系清晰、学分分配合理、专业特点明确的教学计划。在此基础上，以课程建设为依托，教学团队积极开展相关课程的改革与建设，大力加强精品课程建设，努力构建科学合理的课程体系。教学团队还优化教学内容，构建了新的教学内容和方法体系，设计了与之相配套的实验、实训课程，开发了一系列新的教学实验，编写了一批有特色的高级别教材，建设了一批数字化教学资源。同时，教学团队还根据专业发展趋势和教育教学改革前沿，不断更新教育教学观念，加强教学方法、教学手段的探索，推动了教学方法的改革与研究，提升了团队整体教学水平与教学质量，有力地促进了专业建设与课程建设，推动了"质量工程"的深入实施。如四川师范大学国家级教学团队"教师教育系列课程教学团队"的建设，促进了学校 10 个教师教育类国家级特色专业和 3 门教师教育类国家级精品课程与双语教学示范课程的建设，更有一大批省级特色专业和精品课程从中受益[1]。

3. 推动了以科研促进教学

教学团队坚持"围绕教学搞科研，搞好科研促教学"的原则，将教学与科研有机地结合，提倡、鼓励并支持教师将科研成果融入课堂教学中，提高了团队教师的科研能力和教学水平。同时，教学团队根据专业和课程特点，优化教学过程，将教学研究和教学改革项目的实施贯穿于人才培养的全过程，有效地激发了学生的学习积极性，形成了教学与研究紧密结合的良好氛围。

---

〔1〕 杜伟，张子照. 本科教学质量工程建设与探索 [M]. 北京：科学出版社，2010：64.

4. 彰显了教学团队的示范性

良好的教学团队是一个团结协作、功能互补、朝气蓬勃的集体。这种集体不仅有强大的团队内聚力，而且有强大的对外吸引力。各级教学团队在建设过程中，重视团队示范作用的发挥，注重加强和国内外同行进行教学研究与改革方面的合作与交流，探索建立了教学团队培养机制、管理、监督机制，提升了本团队在国内外同行中的影响，推动了高校教学研究和改革的深化，对兄弟院校产生了良好的示范效应。

（二）基本经验

1. 规范管理是教学团队建设取得成效的前提

规范管理为教学团队建设的规范化、制度化、科学化提供了强有力的制度保障，这是教学团队建设取得成效的前提。在教学团队建设过程中，各高校党政领导高度重视教学工作，研究制定教学团队建设相关政策措施，按照教学团队的建设目标、建设任务，建立了团队建设管理制度，修改和完善了教师队伍建设、教学质量管理与评价、教学研究与改革等管理制度。同时，为保证教学团队建设顺利实施，各高校在经费紧张的情况下，确保专项建设经费投入。在教学团队建设评估上，各高校要求教学团队每年提交建设进展报告，建设期满提交建设总结报告。一些高校每年还组织教学指导委员会、督导组专家对团队建设目标、实施情况进行检查和评估，将教学质量纳入考评内容，直接与岗位津贴挂钩，切实调动教师参与本科教学的积极性。这些工作的开展，为教学团队建设取得预期成效奠定了基础。

2. 目标愿景是教学团队前进的动力

没有目标就没有方向，也没有前进的动力。目标为教学团队决策提供背景，为制订计划提供依据，也使团队成员有了努力方向。能结合实际提出教学团队阶段性的、具体的、可量化的目标愿景是一个良好教学团队的重要特征。如有的教学团队制定了青年教师培养计划，明确提出在团队的带领下，青年教师要一年入门、三年熟练、五年成骨干、八年出成果的目标。这样的目标为教师在团队中顺利成长指明了方向和时间表，激励着教学团队成员的共同努力。

3. 选定好团队负责人是教学团队建设取得成效的关键

教学团队负责人是团队的引导者、组织者、推动者，是团队建设的核心和凝聚剂，在团队中起着学术引领和团队"脊梁"的作用，其教学水平、学术水平和组织协调能力决定着团队的兴衰。一些取得显著建设成效的教学团队负责人一般为高校中具有较高教学和科研水平的专家、教授以及富有经验的高级管理者。他们具有强烈的事业心和高度的责任感，创新意识强，组织能力强，具有亲和力，善于调动成员的积极性、主动性，善于同团队成员沟通，能调解内部冲突，营造和谐愉快的工作氛围。这些优秀素质确保了团队建设目标的实现。

4. 合作与沟通是培育高水平教学团队的有效手段

团队各成员间的关系是否融洽，直接影响着团队的工作绩效，进而影响着团队共同目标能否顺利实现。合作与沟通是融洽团队成员关系、培育高水平教学团队的有效手段。进入教学团队的教师，往往存在思想、文化、技能、性格、年龄等方面的差异，通过团队合作，可以将这种差异带来的弊端转化为有利的互补。沟通是为了一个设定的目标，把信息、思想和情感，在个人或群体间传递，并且达成共同协议的过程。对一个团队来说，沟通才有合作，才有凝聚力。一个好的团队领导，往往就是一个沟通高手。一个优秀的团队，一定是一个好的沟通平台，没有任何沟通壁垒和障碍，团队成员之间的沟通是随心所欲的。已有建设经验表明，拥有良好的合作与沟通，团队的凝聚力强，建设成效就会显著；相反，团队成员各行其是，互不交流，一盘散沙，这样的教学团队缺乏凝聚力，也很难达到预期建设目标。

三、四川省省属本科院校教学团队建设存在的问题

自"质量工程"实施以来，由于实践时间短，经验少，理论研究尚不充分，考核管理制度相对比较滞后，四川省省属本科院校教学团队建设也出现了一些亟待解决的问题。

（一）国家级教学团队建设点分布不均衡

全省高校省级以上教学团队建设点分布不均衡，实力和水平差异较大，有许多学科专业还是空白。如在已有的 51 个国家级教学团队建设点中，部委属院校有 30 个，占总数的 58.8%；省属本科院校只有 15 个，仅占总数的 29.4%。这与四川省省属高校学校数及学生数所占比例严重倒挂。省属本科院校国家级教学团队建设点不仅数量少，内部也存在分布不均衡的状况。在四川省的 40 多所省属本科院校（含独立学院）中，仅有 9 所高校获得了国家级教学团队建设立项，绝大多数高校还是空白（表 7-2）。

（二）对教学团队存在认识误区

教学团队建设是一个新事物，一些高校对教学团队的内涵与功能认识模糊，如有的视教学团队为一级行政机构，注重层级与权力的分配；有的把教学团队等同于教研室，认为教学团队的工作不过是教研室换了一个名称；还有的把团队视为一般意义上的群体，组织松散，互赖性低；更多的人把教学团队等同于科研创新团队，注重科研，很少研究教学。这些认识误区影响了教学团队建设的实际效果。

（三）重申报，轻建设

被批准为国家级或省级教学团队建设项目不仅拥有了声誉，而且可以获得一笔可观的建设经费，如国家级教学团队建设项目的团队可获得中央财政专项资金

提供的 30 万元建设经费，四川省教学团队建设项目的团队可获得 10 万元建设经费。同时，教学团队建设项目一般还能得到学校一定的配套经费。这使得不少高校对申报省级、国家级教学团队建设项目具有较高的积极性。而现行教学团队考核管理制度主要是对团队建设结果进行考核评价，其目的主要是选拔出一些符合要求或者业绩相对比较突出的团队进行表彰奖励，而对建设过程则不予充分重视，客观上导致不少高校重申报、轻建设。由于考核管理制度重评轻建，学校对教学团队建设的支持力度不足。获选优秀的教学团队基本上是一些多年来自发形成的教学团队，而新建教学团队的条件却依然如旧。其结果就是，现行教学团队考核管理制度虽然激励了那些获选团队中的部分优秀教师，但却挫伤了目前尚未形成团队结构的广大骨干教师建设教学团队的积极性。

（四）评选标准不够合理

教学团队的评选标准是教学团队的本质属性和基本要求的反映。现行高校的教学团队评选标准虽以相关文件为指导，分别从团队及组成、带头人、教学工作、教学研究和教材建设等多个方面进行了规定，但具体执行过程中掌握的标准却多有不同，也存在诸多不尽合理之处，难以准确反映团队的本质特性与要求。如不同层次的高校标准一致，不同专业的教学团队确定标准统一，对团队组成人数的规定只有下限没有上限，团队成员相互之间应具有的关联性以及团队建设的目标要求比较模糊，团队成员合作沟通机制及成效考察不显著，评选注重已经取得的成果，似乎是一种荣誉称号，等等。

（五）缺乏优胜劣汰的竞争激励机制

教学团队建设是以项目形式开展的，被评选上教学团队项目就会获得较多的经费支持。虽然有关管理制度规定了"对不能按要求完成建设任务的教学团队将停止经费资助(有的甚至是追回资助经费)并取消其建设资格"以及"省级及国家级教学团队的申报推荐从校级优秀教学团队中产生，如获省级或国家级教学团队，学校将给予经费配套，并对推荐单位给予奖励"之类的内容，但是，由于获得这种建设项目的机会很少，评审机构人员尤其是高校内部一般不会真正"痛下杀手"将那些不合格者淘汰出局。项目建设时间一到，经费用完，事情也就不了了之。所以，这种"优胜劣汰"并不能真正有效地发挥竞争激励的作用[1]。

（六）团队协作意识有待加强

教学团队建设需要教师团结协作。但长期以来高校教师在日常的教学活动中，基本上是独自面对特定的教育情境，同事之间缺乏合作交流的气息与氛围，教师之间彼此保守、相互隔离、互相防范。有些教师还表现出知识分子的清高，

〔1〕 黄玉飞. 高校教学团队的考核与管理研究 〔J〕. 中国大学教学，2009(2)：70—72.

即使教学中出现了问题和困难，也不向同行请教、交流。教研室除了应付学校下达的任务，每学期组织一两次听课外，也很少有其他活动，多数教师听课后对别人的评价都是"高度赞赏"，既怕得罪别人，又不想别人比自己进步快。由于教师团队协作意识较为淡薄，一些学校的教学团队建设进展较为缓慢，成效并不显著。

（七）资源支持不足，经费使用缺乏监督

教学团队建设只有得到人力、物力、财力的积极支持，才能健康有效运行。四川地处西部，教育投入十分有限，除了部委属院校硬件条件稍好之外，一些省属本科院校经费投入十分有限。由于缺乏足够的经费支撑，团队只能开展一些成本低，甚至是无成本的活动，整体优势难以发挥，教学改革的合作机制难以形成。另外，教学团队建设经费一次性拨付也滋生了一些问题，特别是不利于调动项目建设单位及项目负责人的主动性和积极性[1]。由于制度的缺陷，缺乏对资金使用的有效监管，一些教学团队有限的资金也较少真正用在团队建设上，进而影响了团队建设的效果。

此外，部分国家级、省级教学团队还在一定程度上存在团队负责人年龄偏大、行政化倾向明显、团队成员太多等问题，这都制约了教学团队建设的正常开展。

第二节　四川省省属本科院校教学团队建设的思考与建议

高校教学团队建设是一个系统工程。明晰教学团队的内涵、教学团队建设的意义以及良好教学团队的基本特征，有助于克服教学团队建设中出现的问题，推进四川省省属本科院校教学团队建设取得更好的成效。

一、教学团队的基本内涵

（一）高校教学团队的定义

早在 20 世纪 50 年代中期，美国就开始在中小学推行团队教学（teamteaching，又译小队教学、协同教学）。70 年代以后，团队教学开始应用于高等院校。在传统的学科组织之外，还形成了各种形式的研究和教学团队，如同事互助小组、任务小组、项目计划、学术沙龙、午后茶、论坛、研究中心、实验室、研究所、课题组、首创行动计划、研究协作组、讲座、工作站等。据估计，在美国高等学校和中小学中，有 80% 左右的教学实施某种形式的团队教学。90 年代后期，

---

〔1〕 李红卫，张丽云. 高校教学团队建设的思考——以 2007、2008 年国家级教学团队为例 [J]. 大学·研究与评价，2009(7—8)：57—61.

我国一些高等学校开始组建教学团队，进行团队教学的实验[1]。

"团队"一词，汉语词典解释为具有某种性质的集体，或由有共同目的、志趣的人所组成的集体。根据著名管理学者斯蒂芬·罗宾斯、彼得·德鲁克、乔恩·卡曾巴赫等人的团队理论，团队是由少数有互补技能、愿意为了共同的目的、业绩目标和方法而相互承担责任的人所组成的正式群体。

结合团队的含义，我们可以将高校教学团队定义为：以教书育人为纽带，把提高教育教学质量作为共同愿景，为完成某个教学目标而明确分工协作，相互承担教学责任的知识、技能互补的高校教师所组成的团队。

（二）高校教学团队的构成要素

结合团队的要素构成，高校教学团队大致由五个要素构成：目标(Purpose)、人员(People)、计划(Plan)、权限(Power)、定位(Position)。

1. 目标

管理学理论强调，共同目标是由愿意为了共同的目的、业绩目标而相互承担责任的人们组成的群体。没有目标，团队就没有存在的价值。目标的不确定、方向感的缺失会使团队内部出现严重的信息断裂和价值观的分歧。由此，教学团队应该有一个既定的目标为团队成员导航。目标的一致性是教学团队建设的基石。为达成目标，团队成员必须忠诚于自己的团队、忠诚于自己的事业、做好本职工作、为共同的目标不懈努力。

2. 人员

教学团队的目标是由不同的教学人员共同来完成的。在教学团队中，每一个成员既承担一定的教学任务，又担任一种团队角色，享有一份权利和义务，发挥着自己独特的作用。教师是构成团队的核心力量，因此教师的选择和使用是团队建设中非常重要的一部分。在教学团队人员选择、配置和责任分担方面，要考虑年龄结构上的老、中、青教师，职称结构上的教授、副教授、讲师与助教，岗位状态上的专职与兼职，等等。团队成员配置要落实好各成员分担的责任，协调好各成员间的关系，引导好各成员的工作方向。

3. 计划

计划是指用文字和指标等形式所表述的组织以及组织内不同部门和不同成员，在未来一定时期内关于行动方向、内容和方式安排的管理事件。有了计划，工作就有了明确的目标和具体的步骤，就可以协调团队成员的行动，增强工作的主动性，减少盲目性，使工作有条不紊地进行。同时，计划本身又是对工作进度和质量的考核标准，对团队成员有较强的约束和督促作用。制订计划并按照计划行事，教学团队建设就会一步一步接近目标并最终实现目标。

4. 权限

---

[1] 刘宝存. 建设高水平教学团队，促进本科教学质量提高 [J]. 中国高等教育，2007(5)：29-31.

权限是指为了保证职责的有效履行，任职者必须具备的，对某事项进行决策的范围和程度。教学团队权限涉及两个方面：一是整个团队在所在学院（学校）中拥有哪些决定权（比如财务决定权、人事决定权、信息决定权）；二是学院（学校）的基本特征性内容如学院规模、团队数量、学院对团队授权大小等。教学团队接受教育行政部门如教务处的目标管理与过程管理，在此基础上实行团队带头人负责制。教学团队中组织者权限的大小跟团队的发展阶段相关。一般来说，在教学团队发展的初期，团队带头人领导权相对集中，行政权力的色彩比较浓厚。随着团队越来越成熟，团队带头人所拥有的权限会相应的变小。

5. 定位

定位包括教学团队的整体定位与教学团队每个成员的定位。前者指教学团队在专业中处于什么位置、由谁选择和决定团队的成员、团队最终应对谁负责、团队采取什么方式激励成员；后者指团队负责人、团队骨干与其他成员在团队中各扮演什么角色及其分工合作机制，即作为成员的教师在团队中扮演什么角色，是制订教学团队计划、具体实施教学团队计划还是进行评估教学团队等。

（三）高校教学团队的基本类型

从不同的标准划分，高校教学团队有不同的类型。根据层级的不同可以将高校教学团队分为国家级教学团队、省级教学团队和校级教学团队。根据课程整合状况，高校教学团队可以划分为以校级通识阶段平台课程为核心的教学团队、以学科基础或专业课程群为核心的教学团队、以实验实践教学环节中实践教学、学科竞赛等为核心的教学团队、以综合交叉课程建设与实施为核心的教学团队、理论课程与实践课程相结合的教学团队、中外合作办学课程的教学团队，等等。斯蒂芬·P. 罗宾斯根据团队成员的来源、拥有自主权的大小以及团队存在的目的，把团队分成解决问题型团队（Problemssolvingteams）、自我管理型团队（Self-managementworkteams）及多功能性团队（Cross-functionalteams）三种类型[1]。综合团队存在的目的和拥有自主权的大小，可以把教学团队分成四类。

1. 功能交叉型教学团队

这种教学团队由来自同一等级、不同学科背景、有专门知识技能和经验的教学人员组成。他们组织在一起的目的是为了完成某一项教学任务，或共同解决教学过程中出现的某些复杂问题。如为了开展某项教学研究或者解决新课程实施中教师教学共同存在的问题，就可组建此类团队。高校中一些课程的综合性决定了讲授一门课程不是由单科教师或者某几位科研力量较强的骨干教师能够胜任和完成的。在这个动态生成的过程中，需要跨学科教师组成团队，共同承担教学研究任务。

2. 自主指导型教学团队

这种教学团队获得了学校授予较大的事务处置权和自主管理权,自控性较强。团队不仅探讨问题怎么解决的方法,并且亲自执行解决问题的方案,并对工作承担全部责任。自我管理权的获得,要求团队成员控制自己的行为以取得重大成果。同时,它也使团队集培养方案、教学计划、教学监督的功能于一身,能够胜任学校教学研究、教师培训与管理等多方面的工作任务。自主指导型教学团队组成人员通常来自学校的不同部门,互补性强。

3. 问题解决型教学团队

问题解决型教学团队成员通常就如何改进工作程序、方法等问题交换不同看法,并就如何提高教育教学质量等问题提供建议。这类教学团队最为鲜明的特点是临时性、开放性,可以让志同道合者思想共享。团队由同一部门的几位教师组成备课组、教师沙龙等,大家带着共同的教学问题走到一起,彼此产生思维碰撞,分享存在于个体的实践性知识。

4. 自治组合型教学团队

这是一种自主互助的教学团队,通常以自主组和互助小组的形式组建教师联盟,由教师自组团队、自拟主题、自行备课、自主研讨、自我反思。该类教学团队开展的活动灵活性和自由度都更大,也更便于开展活动。如果说前三类的教学团队更多的是侧重解决教学共性的、专题性的问题,那么,自治组合型教学团队则主要解决教师个性化的、日常性的教学问题。它可以作为当前学校固定教学团队的有效补充[1]。

（四）高校教学团队与教研室、科研团队的比较

要全面理解教学团队的含义,有必要认识教学团队与教研室、教学团队与科研团队的关系。

1. 教学团队与教研室比较

在发挥职能方面,教学团队的职能大于教研室。教研室的本义是承担教学和科研任务的基层教学组织,但随着20世纪80年代以后中国大学组织机构的改革,原有教研室的两种职能得到了两种不同的发展结果:科研职能由于学科组、研究所等新的机构的建立而得到强化;教学职能(含教学研究职能)由于组织机构转型缓慢、创新不足,职能渐趋弱化。后来,派生出了教研室的第三种职能——培养合格的教师。这一职能目前也面临着严峻的挑战。教学团队是一种新型的教学组织方式。这种方式在组织运行、组织文化、组织沟通和协作方面带来的影响,不仅可以进一步强化教学、教师培养职能,提高教育教学质量,而且还可成为推动学校组织进化和转型的基本力量。

在成员互动上,教学团队优于教研室。现行的高校教研室组织形式虽然从理论上讲是一级学术和教学组织,但目前它更多地表现为一级行政组织的特征。教

---

〔1〕 吕改玲. 我国高校教学团队建设研究 [D]. 中南民族大学硕士学位论文,2008.

研室有固定的时间、地点、成员、活动内容。在实际运行中，教研室所承担的主要任务是落实校、院安排的教学任务，同一教研室教师之间的竞争多于合作，也缺乏交流与协作的内部机制，对提高教学质量并没有共同负起应有的责任。教学团队的成员仍旧是本专业、本课程的教师，在完成教学任务、提高教学质量、建设教学梯队、推进教学研究等方面倡导协作精神，强调个人目标与团队目标的协调和一致，并且每个成员都要为实现团队目标而共同负责。诚如布鲁贝克所言："在这一团体的相互关系中，所有成员的地位都是平等的。在这一群平等的人中，无论在学院还是在系里，原则都是'一人一票'，没有任何例外，即使是院长或主席。在任何情况下，更可取的办法是通过说服做出决定，而不是靠权力或地位[1]。"可见，教学团队既有助于克服教研室在教学研究、教师培养等职能方面的缺失，又能使同一课程，同一专业中个体存在的教师人尽其才，发挥团体的最大优势。

2. 教学团队与科研团队比较

教学与科研密切相关，相辅相成，是高校生存与发展不可分割的"两翼"，但二者又具有自身的相对独立性。比较而言，科研团队注重从理论上研究社会发展及学术前沿问题。教学团队则侧重解决人才培养问题，虽然也要开展教学研究，但其研究主要服务于教学需要。从人员组成及资源利用上看，科研团队与教学团队可能存在交叉与重叠，有些教师既是科研团队又是教学团队的带头人或成员，也有可能在职能分工特别是在教学与科研相结合的职能要求上存在一致之处。但教学与科研毕竟分属于性质不同的活动领域，二者的管理体制、运行机制以及对其成员的考核和评价方式明显有别，有些教师可能适合担任科研团队的负责人但不适合担任教学团队的负责人，反之亦然[2]。

（五）高校教学团队建设的意义

建设本科教学团队是遵循高等学校的组织特点，改革当前我国高校传统基层组织的体制性障碍的需要，也顺应了当代科学技术综合化趋势，同时，还有助于促进教师专业发展。

1. 高等学校的组织特点要求建立教学团队组织

伯顿·克拉克指出，高等教育系统的独特性在于，"它是一个由生产和传播知识的群体构成的学术组织，并以学科和院校为单元来划分的矩阵式工作结构。高等教育系统中的学者总是处在学科维与院校维交叉的基层组织之中，并且主宰学者工作生活的力量是学科而不是所在院校"。知识和知识分子（这里泛指大学里的专家学者、教师和学生等）是大学不可替代的两个要素。"知识是包含在高等教育系统的各种活动之中的共同要素：科研创造它，学术工作保存、提炼和完善

〔1〕（美）布鲁贝克. 高等教育哲学［M］. 郑继伟等译. 杭州：浙江教育出版社，1987：12.
〔2〕 马廷奇. 高校教学团队建设的目标定位与策略探析［J］. 中国高等教育，2007(11)：40—42.

它，教学和服务传播它"[1]。高等学校作为"学问之府"和培养高级专门人才的摇篮，学科知识的建制化和高度专业化，以及高校教师个体"独立之精神、自由之思想"的纯学术追求，使得高校教师主体间性呈现"松散联合"状态，整个高校组织呈现一种"有组织的无政府状态"。需要指出，"有组织"和"无政府"不是指放任自流、一盘散沙式的混乱，而是指大学有其独特的组织结构、大学文化和学术章程等保证自身运行，大学的发展除了受外在社会环境的制约，还受到大学自身传统和大学逻辑的影响，大学的发展具有内生性和自发性。因此，高校的这种组织特性，天然地排斥科层制官僚机构、"大一统"集权管理、刚性硬性的规章制度等对学术事宜的过分干涉和非学术要求，而追求一种平等、沟通、协调、协作，既竞争又合作，既团结又独立的校园文化和大学氛围。无疑，教学团队和学术团队一样，是培育和维系这种"自由王国"状态的最佳途径和建设平台之一。

2. 改革高校传统基层组织的体制性障碍迫切需要建设本科教学团队

"单兵作战"、"松散式管理"是高校教师职业特征和管理方式的典型刻画。长期以来，教研室作为我国高校教学活动的基层单位，是按学科专业或课程组建起来的，单一的教学功能难以适应学科建设和科学研究的要求。后来随着高校功能的不断拓展，特别是随着高校发展过程中市场功利性价值导向，以及对科研、研发功能的日益强化，教研室重科研、轻教学(或教学研究)的状况日益凸显。加之我国官本位意识泛化和高校科层制"金字塔、层层压"式的上令下行硬性约束的管理体制的长期影响，教研室被异化为高校最基层的行政管理组织，原本被授予的招聘教师权利、教学和评教权利、学位考核权利等学术权力几乎被剥夺殆尽。本科教学团队的组建，有助于克服传统教研室的弊端，发挥教师各自的优势，实现资源共享和优势互补。同时，由于教学团队建设注重和强调教学改革带头人的核心领导作用，注重对教学名师和教学骨干、教学新秀的逐层选拔式培育，一定程度上可以在高校弘扬学术权力，加强学术管理，淡化大学的行政依附角色和衙门官僚作风，从而真正把大学作为一个学术组织来经营和管理[2]。

3. 当代科学技术综合化趋势呼吁教师集体的紧密合作

当代科学技术的日益综合化，使得一个问题域成为多学科共同和联合关注的对象，形成了大量交叉学科、边缘学科、横断学科，也导致科学技术和经济、社会发展的联姻更加紧密。高等学校作为知识的创新基地，不仅是知识的创造源和具备创新精神的高级专门人才的培养库，也是经济的增长源和文化知识的传播源。在当代科学技术的日益综合化的影响下，高校教学内容不断被拓展、更新和深化。教师过去那种集"编写讲义教案、讲授答疑、批改作业等"于一身的工作方式也受到了挑战。教学团队是根据一定的团队目标把特定教师组织在一起的群

〔1〕　(美)伯顿·克拉克. 高等教育新论——多学科的研究［M］. 王承绪等译，杭州：浙江教育出版社，1998.107.
〔2〕　张笑涛. 本科教学团队的界定及建设［J］. 高等农业教育，2008(3)：43—46.

体，这样的组织形式为教师搭建了合作的平台，有利于教师进行团队学习，赋予教师学习以群体意义，也有助于使教师形成共同的价值，从而高效地达到教学目标。

4. 教学团队有助于促进教师的专业发展

在当代，教师专业化已经成为共识。教师专业化要求教师在专业意识、专业知识、专业技能等方面得到不断发展，努力成为学生学习的指导者、信息资源的整合者和课程教学的研究者。要达到上述要求，高校教师仅凭个人的学习和探索是远远不够的，还需要通过团队学习来实现教师的知识交流与共享，促进教师的专业成长。就高校教师整体的专业化水平提升来看，一方面，青年教师的成长，需要有经验的老教师传、帮、带；另一方面，在当前以前喻文化为主导的信息时代，老教师也需要在与青年教师的知识共享中不断地更新观念和知识。无疑，教学团队的建设将对高校教师整体专业化水平的提升产生促进作用。

二、教学团队建设的基本内容

在高等学校教学团队建设过程中，涉及团队目标、团队机制、团队带头人、团队成员等多项内容，主要包括以下方面：

（一）确立共同的愿景

愿景即"远景目标"。共同的愿景就是要将组织未来发展的远大目标与组织成员的共同愿望有机地结合在一起，以此营造组织成员的归属感，激发组织及其成员的创造力，增强组织成员的凝聚力，使组织具有强大的内驱动力，让团队成员愿意为它贡献力量。从根本上讲，组建教学团队的最终目的是为了提高本科教育的教学质量。这一共同的愿景是高等学校教学团队在主客观环境中所达成的共同愿望，确定了教学团队工作的基调和志向。它可以营造团队的工作氛围和奋斗志向，帮助团队内的每一位教师树立主人翁责任感，在团队内部形成广泛的协作和良好的沟通。

（二）树立统一、明确的教学目标

统一明确、共同承诺的团队目标是团队成员合作的动力，也是教学团队存在最稳定的因素之一。每个团队的组建或存在都有一个明确的任务，这项任务成为团队在一定时期的主要目标，体现了团队存在的理由、团队的界限、团队在组织中所扮演的角色以及团队的地位和功能。在有效的团队中，成员愿意为团队目标作出承诺，清楚地知道希望他们做什么工作，以及他们怎样共同工作直到最后完成任务。当一个团队拥有共同的目标、信仰以及工作方式时，共同责任将成为一种自然的产物。教学团队同样也有比较明确的教学任务，比如新专业的设置、特色专业的建设、精品课程的打造、教学研究项目的攻关等等，并通过教学团队成员的共同承诺和任务分担成为团队在某一时期的共同目标。一个良好的教学团队内的成员对所要达到的目标有清楚的了解，并坚信这一目标包含着重大的意义和价值，从而为达到目标而奋斗。

（三）选择德才兼备的团队带头人

教学团队带头人作为教学团队的领军人物，统领团队成员，协调团队成员行动，是团队的核心和灵魂。他能为团队指明前途所在，向成员阐明变革的可能性，鼓舞团队成员的自信心，帮助他们更充分地了解自己的潜力，引导学术方向相同或相近的教师向自身靠拢。从教育教学的实际情况出发，一个德才兼备的团队带头人需要具备以下素质：在学术方面，要在某一个学科领域有较高的学术成就和学术洞察力，能够把握学科发展的前沿和未来方向；在教学方面，必须热爱本科生教学，具有丰富的教学经验和娴熟的教学技巧；在领导力方面，具有较强的领导能力、组织协调能力，能够紧密联系团队成员，创建和谐的团队氛围；在品行修养方面，必须品格高尚，具有吸引人、团结人、凝聚人的品行修养和人格魅力[1]。

（四）培育数量适当、优势互补的团队成员

团队成员数量要适当，人数并非越多越好。成员太多时，会导致交流不充分，团队内部出现小群体，影响团队成员之间的团结和相互信赖感，进而影响整个团队的凝聚力。在适度规模的团队中，每个人都是构成团队的重要支点，个体的权力和责任有较为明确的体现。当然，一个良好的教学团队并不是教师数量上的拼凑。由于教师成员之间有各自的知识背景和学习经历，关注着不同的领域，拥有不同的年龄、性格和能力，在组建教学团队时，尽管无法对每位教学人员求全责备，但是可以通过合理的配备和组合使团队成员的缺点得到弥补，而同时又使他们的优点得到张扬，这也正是团队的意义所在。

（五）形成相互学习、乐于奉献的团队精神

团队不同于部门或小组，也不同于群体，团队本质上就是一种互助和协作，团队的基本特征是"实现集体绩效的目标，积极的协同配合、个体或者共同的责任、相互补充的技能，其核心是团队精神"[2]。团队精神反映了团队成员对团队的认可度和忠诚度，也反映了一个团队的凝聚力和创造力。在一支富有团队精神的教学团队中，每一位教师会乐于不断地掌握新知识和新技能，乐于将自己掌握的新知识、新经验与其他教师共享，彼此之间通过充分的相互交流，促进整个教师队伍的知识、经验快速增长。同时，在团队精神的激励下，每一位教师的主体精神将得到有效地发挥，团结协作与自律自强的良好品行也能得到充分地提升。

---

〔1〕 吕改玲. 我国高校教学团队建设研究［D］. 中南民族大学硕士学位论文，2008.
〔2〕 （美）斯蒂芬·P·罗宾斯，蒂莫西·A·贾奇. 组织行为学［M］. 北京：中国人民大学出版社，1997：276.

具体而言，教学团队的团队精神内涵包括：（1）对团队建设目标与核心价值观的认同感。每个成员理解、赞成与支持团队建设目标。（2）对实现团队共同目标的责任感。每个团队成员都要有为实现共同目标承担责任的责任意识，都要有自己为实现建设目标作出贡献的贡献意识。（3）团队成员体认自己是团队一员的强烈归属感。团队成员都要能把个人目标和团队目标结合起来，对团队表现出一种忠诚，对团队的业绩表现出一种荣誉感，对团队的成功表现出一种骄傲，对团队的困境表现出一种忧虑，从而使团队充满凝聚力。（4）为实现教师整体素质与人才培养的最优绩效而认识到个人与其他成员合作的必要性、愿意合作并善于合作的合作意识。团队成员之间相互宽容，相互尊重，相互信任，相互帮助，相互关怀，共同发展，共同提高，利益和成就共享，困难与责任共担[1]。

三、教学团队建设的基本原则

高校教学团队的建设过程中，应遵循以下几个原则：

（一）整体构建原则

教学团队的建立目标在于通过团队教师之间的合作，形成以老带新、以新促老、共同发展的建设机制，共同开展教育教学改革、共同提升教育教学水平。在团队构建过程中，应该立足团队建设目标，系统构建团队的任务，明确团队的工作，细化团队人员分工，充分考虑团队的现实状况和长远发展，不断优化团队的学历、职称、学缘等结构。同时，在团队构建过程中，既要充分考虑团队带头人的核心骨干作用，又要积极发挥团队成员各自的优势和特长，进而整体推进团队的建设和发展。

（二）教学科研结合原则

教学工作和科研工作是高校教师的两大基本工作。在教学团队建设过程中，应高度重视教学工作与科研工作的结合，努力形成科研促进教学、教学促进科研的良好机制。在建设过程中，应充分考虑、积极吸纳学术水平高、科研能力强的教师进入教学团队，利用其学术优势和科研能力，不仅促进教学团队所承担相关教学工作的发展，加强对其他教师尤其是青年教师的传帮带，加强对学生进行学术熏陶和训练，培养学生的创新精神。

（三）团队建设与教学建设结合原则

教学团队的建设是师资队伍的建设，但队伍建设必须通过系列教学活动的开展才能得到实现。因而，在教学团队建设过程中，应充分与包括专业建设、课程建设、教材建设、实践教学等多个环节的教学改革与建设相结合，通过教育教学

〔1〕俞祖华，赵慧峰，刘兰昌. 本科高校教学团队建设的理论与实践探索〔J〕. 鲁东大学学报（哲学社会科学版），2008(2)：90—96.

活动实施、教学改革活动和教学研究活动的开展，在具体活动中不断加强教学团队的磨合、形成团队建设的机制，促进团队成员之间教学经验的交流与共享，使教学团队在具体的教育教学建设与改革活动中不断得到巩固、发展和提高。

（四）资源整合与优势互补原则

教学团队的建设是基于团队的一种系统行为。在团队建设过程中，要十分注重以团队带头人为核心进行资源整合，充分发挥每个团队成员的教学优势和学术优势，形成优势互补，共同开展教育教学活动，共同促进教育教学质量的提高，通过团队成员的优势互补，达到一个较为完满和和谐的团队状态，并在共同开展教育教学活动的过程中，促进团队成员的共同提高。

（五）团队水平整体提升的原则

教学团队建设的一个重点是要加强团队的教师培养和梯队建设工作。在团队建设过程中，要不断通过优化团队合作机制，始终将团队每位成员教学科研水平的提高作为重要建设任务，通过成员水平的提高促进教育教学质量的提高，提升教学团队的整体教学与科研水平，进而发挥示范和带头作用。

（六）以人才培养为中心的原则

团队所面临的主要任务是开展教学工作，核心工作是人才培养，终极目标为提高质量。在教学团队建设过程中，要始终坚持将人才培养作为中心工作，一切活动的开展围绕人才培养进行，围绕培养学生的创新精神和实践能力进行，通过制度和机制建设确保团队在教学工作中发挥实际作用，切实将主要精力投入到教育教学工作之中，保证建设目标和任务的顺利完成。

四、四川省省属本科院校教学团队建设的建议

高校教学团队建设是一项复杂的工作。结合高校教学团队相关理论分析及四川省省属本科院校教学团队建设的实际，我们认为，要建设一批成效显著的教学团队，既需要营造有利于教学团队形成和发展的外部制度环境，又需要在教学团队内部以科学的标准遴选团队带头人，构建合理的团队结构，树立共同的建设目标，明确教学团队的基本任务，建立有效的团队内部管理及运行机制，构建有利于团队合作的评价机制。

（一）营造有利于教学团队形成和发展的外部制度环境

教学团队能否高效、有序地运行，前提在于是否有一套有利于教学团队发展的政策和制度环境。

首先，在教学团队的评选上，要拟定科学的评估标准，真正评选出有发展潜力的教学团队进行建设。从现实来看，四川省的教学团队评选还存在需要改进的

地方。2007 年，四川省教育厅公布了首届省级教学团队评选的基本要求，涉及团队及组成、学科（专业）带头人、教学工作、教学研究、教材建设五大方面[1]。但由于这些要求比较抽象，评选时不易操作，因此在 2008 年的四川省省级教学团队评选和国家级教学团队推荐中，四川省教育厅不仅公布了评选教学团队的基本要求，还附上了《四川省高等学校教学团队评审指标体系（试行）》。"评审指标体系"一级指标包括团队及组成、带头人、教学工作、教学研究、科研情况、教师培养与团队建设规划七项，二级指标则提出了数量化考核标准，如团队学历结构中，"具有博士、硕士学位比例不低于 70％"，课程建设上"已立项 2 门及以上省级精品课程或 1 门及以上国家级精品课程"等等[2]。应该说，这些指标较为全面，也有一定的可操作性。但是从教学团队的特征而言，这些指标设置也存在一些问题：一是更多突出了个人成绩，团队合作性少有体现；二是团队人数没有限制，一些学校为了满足指标中的硬性成果要求，把凡是有成果的教师都写进申报表格，出现了几十甚至上百人的超大团队；三是教学团队类型不明，一些学校一门课程或一个专业满足不了要求，于是组建成复合型团队，事实上只是"拉郎配"；四是有些硬指标仅突出了学科整体实力，导致学校整体学科强的重点院校更易评上，普通院校有特色和发展潜力的教学团队只能靠边站。由于上述问题的存在，致使一些被评选上的教学团队建设项目示范性不强，影响了部分高校教学团队建设的积极性。

第二，教学团队确立后，学校管理层要营造有利于教学团队发展的外部制度环境。目前，我国高等学校内部的权力配置模式主要体现为以行政权力为主导的科层管理模式，权力的重心偏上，行政权力泛化，学术权力较弱，各种学术组织基本上听命于行政机构。这种模式虽然有利于统一指挥和提高决策效率，但不利于调动基层组织的积极性，客观上削弱了教学团队的自主性和独立性。只有赋予教学团队更多的自主权，才能增强教学团队的责任感和工作的主动性。通过充分的授权，给予团队成员较为透彻地信任，使团队在完成工作的方式、进程等方面不受外界的干预，形成一种内在的自控机制，从而为教育教学营造相对自主的氛围。为此，必须改革和完善我国高等学校内部的权力配置模式，坚持行政权力和学术权力适当分离的原则，从制度上确立学术权力的地位，尊重学术权力的存在，将教学团队的管理权力进一步下放，扩大团队的管理自主权。对于完成教学工作的方式、教学的内容和进度安排、流动人员的权力、内部考核的权力、设备经费使用、淘汰不合格人员的权力等，皆由团队自己做出决定。在这种情况下，学校管理层要转变角色和工作方式，从发号施令者变换为团队服务者，研究如何建立科学的考评体系和激励机制来为团队建设提供制度保障，为团队提供指导和

---

〔1〕 四川省教育厅. 关于组织开展 2007 年国家级教学团队推荐评选工作和省级教学团队评审工作的通知（川教〔2007〕229 号）.

〔2〕 四川省教育厅. 关于组织开展 2008 年度国家和省级教学团队评选推荐工作的通知（川教〔2008〕155 号）.

支持，而不是试图去控制它。

（二）以科学的标准遴选团队带头人

领导者、带头人对一个组织、一个团队的建设与发展举足轻重。团队建设工作包括两部分：一部分是显性工作，如团队目标的制定、团队规模的确定、团队成员的选择、团队制度的制定、团队任务的分配、团队资源的配备、团队协调、沟通、反馈及支持系统的建立等，工作之多、任务之重可见一斑；另一部分是隐性工作，如团队精神和团队文化的建设，为此要建立团队共同的愿景，增强团队的凝聚力，营造民主开放、团结和谐的工作氛围，帮助团队成员进步与成长等，这些工作绝非一朝一夕之功。所以，有学者认为：团队工作有赖于持续性地关注其管理。从"质量工程"教学团队建设内容而言，任务亦相当繁重。如探索建立团队合作机制、改革教学内容和方法、开发教学资源、开展教学研究、通过教学工作的传帮带培养青年教师、接受其他院校教师进修、开展社会服务等。所以，无论从团队建设的一般工作而言，还是从"质量工程"教学团队的建设内容言，均对团队带头人提出了较高的要求。

选拔教学团队带头人要制定符合实际的标准和条件。长期以来，我国不少高校有重科研、轻教学的倾向，衡量教师的成就往往看科研成绩。于是，一些学校将科研成绩显著者确立为教学团队带头人。事实上，科研成绩显著者的教学成效未必就一定优秀，更何况科研成绩的取得主要依靠个体的钻研与努力，而教学团队带头人还强调具有团队领导能力。概括来看，教学团队带头人应为本学科（专业）专家，具有深厚的学术造诣和创新性学术思想，长期坚持在教学第一线，品德高尚，治学严谨，具有团结、协作精神和较好的组织、管理、控制和领导能力，善于调动成员的积极性、主动性，善于同团队成员沟通，调解内部冲突，能够营造和谐愉快的工作氛围。此外，带头人必须乐于投入并能够投入大量的时间和精力从事团队建设工作。团队带头人的遴选或来自于行政任命，或自然形成，其来源、类型可以不同，但不论以何种形式产生，除了刚性条件（职称、学历、学位等）之外，要特别注意团队带头人的柔性条件，如性格、感召力、凝聚力、影响力、创造力、合作能力和奉献精神。这些素质"对团队文化的形成产生深远的影响，甚至影响整个教学团队的文化风格与发展趋向，在一定意义上决定着教学团队的成功与否[1]"。

从年龄角度说，老教师不宜担任团队带头人；从行政职务的角度说，学校中高层领导亦不宜担任团队带头人，因为他们不可能有充足的时间投入团队建设。学校领导及中层职能部门负责人多为学者型官员，兼具两种身份：学者和官员；与此相应，他们要兼做两项工作：教学科研和学校管理。这就是通常所称的"双肩挑"。事实上，学校的管理工作十分繁重，加之他们还要给本科生授课（非此，

---

〔1〕付永昌. 合作文化视阈下高校教学团队建设研究 [J]. 江苏高教，2008(2)：93—95.

其教授职称将不保），培养研究生，申请和从事课题研究，有的甚至还在学术团体或社会团体中担任要职。所以在这种情况下，再让他们担任教学团队的带头人，其结果很可能是他们"心有余而力不足"。建议团队带头人的年龄一般不宜超过57岁，学校领导及中层职能部门负责人一般不宜担任教学团队负责人。当然，这些老教授、学者型官员可以担当教学团队的顾问。这样，一方面可以发挥这些同志在团队建设方面的重要作用，另一方面又可以为年龄较轻、精力充沛的学者提供担任团队带头人的机会[1]。

（三）构建合理的团队结构

团队结构指团队内成员的有机构成，具体包括团队成员的年龄、性别、专业、能力、气质、性格等方面的构成情况。从教学团队的结构看，要注意团队成员在知识技能、年龄、个性特征上的优化组合。在组建一个团队时，要掌握以下几点：①根据团队完成任务的简繁程度，确定团队结构。研究表明，在完成简单任务时，同质结构的团队效率高；而在完成复杂任务时，异质结构的团队能适应任务的要求，有较高的工作效率。②团队结构的同质或异质不是固定不变的。由于种种原因，原来的异质结构逐渐趋同，原来的同质结构也会向异质结构变化，这就需要对团队结构进行适时调整，以适应任务的要求。③对异质结构的团队要合理组合。要根据工作岗位的要求，安排具有相应特质的人，同时还要考虑有利于团队发挥整体功能。团队结构的稳定需要落实各成员分担的具体责任，依据各成员的教学特长、个性特征和个人偏好，科学地进行分工，充分发挥各成员的优势，在此基础上，通过互相沟通、取长补短、形成共识，实现密切合作，保证团队工作的良好运行[2]。从教学团队的结构看，教学团队的成员应在年龄结构、学历结构、学缘结构和职称结构等方面进行优化。教学团队应该老、中、轻相结合，以中、青年骨干教师为主体，形成由教授、副教授、讲师、助教及教辅人员组成的梯次合理的队伍。尽管某一阶段的教学团队的结构要以一个相对稳定的固定形式存在，但纵向来看，教学团队的建设过程会是一个动态的发展过程，不同阶段、不同时期需要不同特点的人员的参与。因此，高效合理的团队还应该根据任务和目标的需要，在适当的时候及时调整人员的进出。

需要指出的是，教学团队成员不宜过多。如果团队成员很多，交流时会遇到障碍，讨论问题时难以达成一致，而且不易形成凝聚力、忠诚感和相互信赖感。大型团队绩效不彰，马克西米利安·林格尔曼将其归因于"社会惰性"，即一个群体或团队往往会隐藏缺少个人努力的现象。这与我们所说的"滥竽充数"相仿。团队规模不宜过大，学者们已达成共识，但关于团队的最佳规模却莫衷一是。不过，学者们基本同意如下两个结论：第一，成员总数为奇数的群体比成员

〔1〕李红卫，张丽云. 高校教学团队建设的思考——以2007、2008年国家级教学团队为例 [J]. 大学·研究与评价，2009(7—8)：57—61.

〔2〕吕改玲. 我国高校教学团队建设研究 [D]. 中南民族大学硕士学位论文，2008.

总数为偶数的群体更好，因为成员总数为奇数时，可以降低投票时发生僵局的可能性；第二，10人左右的群体比更大一些的群体或更小一些的群体都更有效，因为这样的群体足以形成大多数，允许发表不同意见，同时可避免与大群体相关的一些弊端，如形成小帮派，在决策时拖延时间等[1]。综合来看，高校教学团队规模的上限宜确定为15人。考虑到一些老教授、学校领导有可能作为顾问参与团队建设工作，故每一团队还可配备一个3-5人的顾问小组。

（四）树立共同的建设目标，明确教学团队的基本任务

教学团队有了共同的渴望，追求具有重要意义的目标，"团队成员才会积极寻找解决问题的途径和方法，相互支持、相互帮助，在不断交流与互动的过程中，碰撞出新的思想火花，才会在相互的学习支持中，实现团队成员的优势互补，由此提高整个团队的建设水平[2]"。为此团队管理者要注意了解团队成员的期望和追求，并通过设立共同目标有意识地引导大家的集体意识。教学团队的基本任务是建设目标的具体化。让每一个团队成员明确基本任务，有助于使团队建设总体目标顺利实现。高校教学团队的主要任务有如下几项：①课程建设。这是教学团队建设的首要任务，包括课程体系的构建、课程资源的开发、具体课程的实施等。教学团队要紧密联系学校和系院的发展实际，结合专业特点，优化课程体系，扩大课程资源，并从提高团队所承担课程的教学质量入手，在课程标准、教学内容、教学方法和手段、教材、主讲教师等方面下工夫，努力建设一批高级别的精品课程。②教材建设。教材是教学内容体系的呈现。教学团队要结合专业自身发展的阶段和特色，积极承担校级精品教材、省级精品教材、国家级规划教材建设项目；鼓励教师编写新教材，积极引进外文原版教材，使高质量教材、新教材、自编特色教材和原版教材不断充实到教学中。③教学改革研究。教学团队要开展人才培养模式、培养方案、教学制度、课程体系、教学内容和教学方法、考核方法、教学建设和教学评价等方面的学术研究，巩固、提高教育教学质量。④教学手段现代化建设。教学团队要在充分利用现代化教育资源、采用现代化教学手段、推进教学手段教学方法改革上走在前面。⑤实践教学建设。实践教学直接关系到本科教学实习质量，对培养本科生的实践能力、创新能力和创业能力有着积极的作用。教学团队要重视实践教学，研究构建体现培养目标的实践教学体系，丰富实践教学内容，加强实践教学基地建设。

（五）建立有效的团队内部管理及运行机制

团队内部管理及运行机制是教学团队成功运作的关键。从团队控制过程的角度讲，团队内部管理及运行机制包括确立标准、衡量成效和纠正偏差三个步骤。

〔1〕关培兰. 组织行为学 [M]. 武汉：武汉大学出版社，2008：279.

〔2〕李昌新，刘国瑜. 基于教师教育专业发展的高校教学团队建设探讨 [J]. 中国高教研究，2008（6）：49—51

确立标准是在合理的控制范围内，采用定量标准和定性标准相结合的方法，通过较为详细的规范来衡量团队工作的成效。衡量成效则是将团队工作的实际情况与控制标准作比较，查找出它们之间的偏差，以便及时发现团队工作的各种问题。纠正偏差就是采取措施，解决团队问题，使团队工作回归到预期的状态。在教学团队内部，要通过目标激励和竞争激励等方法，强化团队带头人的责任机制和团队成员的合作机制；要充分发挥团队成员的智慧和创造力，建立教学改革问题的定期研讨机制、民主协商机制，形成团队的凝聚力和向心力；团队成员要不断吸收教学改革的新思想、新方法，倡导创新精神、协作精神；要鼓励学术争鸣，保护不同意见；要树立严谨治学、积极向上的学术风气，克服学术浮躁、急功近利的不良倾向；要建立学生评教机制，建立学校评价、学生评价以及团队内部自我评价相结合的制度，为教学团队的可持续发展提供良好的运行机制保障。

（六）构建有利于团队合作的评价机制

科学合理的评价体系是调动团队积极性、检验建设成果、提升团队核心竞争力的有效途径，是团队能否有序运行的重要保障。对于教师来说，最重要的评估和考核无非是职称评定、年度业绩考核、教学科研奖励、教学科研奖励津贴。但就目前大多数高校的政策来说，在这几项评估和考核上往往都只认第一责任人，无视其他合作者即使是骨干力量的贡献。这种评价体系非但不鼓励教师间的合作，而且会起到相反的导向作用。要充分发挥教学团队的作用，必须进一步探索有利于高水平教学团队建设和发展的评估和考核机制。由于团队的一个基本特征是团队成员之间"积极的协同作用"，实现"集体绩效"的目标[1]，高校对教师教学工作的绩效考核就应该把团队业绩与个人业绩共同作为考核的基本内容，建立团队导向的评价体系。与传统的个人绩效评价不同，它是由强调成员的个人绩效转变为个人绩效和团队绩效并重，由侧重个人导向转变为侧重团队导向，引导成员追求团队产出最大化。在操作上，学校除了根据教师个人的教学业绩进行考评和奖励之外，还应该考虑采用基于团队导向的绩效评价和奖励方式，由重视个人业绩的考核向重视团队长期价值的考核转变，由重视过程管理向重视目标管理转变，由重视年度考核向重视聘期考核转变，建立适合于团队发展的成果分享机制，鼓励教师加入教学团队，致力于团队目标的实现。在评价内容上，既要注重对团队课堂教学、实验教学、课程改革等显性成果的评价，又要注重学生素质的提高、学生能力的培养以及团队带头人的影响力、团队的凝聚力等隐性成果的评价。在评价方法上，要消除教师之间的恶性竞争，促进教师真实地表现自己，主动地接纳别人，积极地帮助他人，实现教师间的真诚合作[2]。有学者提出实行"岗位实绩管理"的设想，即将教师的薪酬分配与岗位绩效直接挂钩，教师在教

〔1〕（美）斯蒂芬·P·罗宾斯，蒂莫西·A·贾奇. 组织行为学［M］. 北京：中国人民大学出版社，1997：283.

〔2〕黄玉飞. 高校教学团队的考核与管理研究［J］. 中国大学教学，2009，（2）：70—72.

学团队中承担什么岗位，创造什么业绩，就拿什么津贴，岗位业绩变了则薪酬随之变化。实行"岗位实绩管理"的目的在于鼓励教师在整个教学团队中多作贡献，使绩效津贴逐步成为教师收入的主要部分。只有将团队成员个人层面的绩效考核和团队层面的绩效考评相结合，并根据团队自身特点和发展规律，针对不同学科的不同特点，以业绩为核心，以同行认可为重要指标，建立科学、有效、公平、公正的考评指标体系，通过把定性考评和定量考评结合起来，探索出一套有效的绩效考评激励制度，才能实现对团队成员和整个教学团队的有效激励[1]。

〔1〕　田恩舜. 高校教学团队建设初探［J］. 理工高教研究，2007，（4）：14—15。